Celina
del Amo

Spielschule für Hunde

117 Tricks und Übungen

5., völlig überarbeitete Auflage
106 Farbfotos
6 Zeichnungen

Ulmer

Inhalt

Für meine Eltern, Martin und Angie.

Vorwort von Viviane Theby

Noch all zu gut erinnere ich mich an meinen ersten Hund Timo, ein Deutscher Schäferhund. Ich bekam ihn, als ich 11 Jahre alt war und mir schon jahrelang einen gewünscht hatte. Stundenlang verbrachte ich mit ihm die Zeit. Wir waren ein wirklich gutes Team. Die wichtigsten Dinge des Alltags brachte ich ihm durch Konsequenz und viel Belohnen bei. Das Gartentörchen nach draußen ging eben erst auf, wenn er sich hingesetzt hatte. Dasselbe galt für das Loslassen von der Leine.

Mit Timo war ich nie in einer Hundeschule. Ich habe auch kein Buch über Hundeerziehung gelesen. Ob es die zu der Zeit schon so gab wie heute, weiß ich gar nicht. Aber von Zeit zu Zeit sah ich „erfahrene" Hundetrainer, die ihre Hunde an der Leine ruckten, um z.B. das „Bei Fuß" zu trainieren.

Es gab eine Zeit, da wollte ich auch, dass mein Hund so gut bei Fuß ging. Allerdings sagte er mir schnell, dass er das überhaupt nicht mochte. Er ging zwar neben mit her, aber seine ganze Körpersprache sagte mir, was er davon hielt.

Wir waren ein zu gut eingespieltes Team, als dass ich das übersehen konnte. Es dauerte nicht lange und ich beschloss, dass mein Hund eben nicht „Bei Fuß" können musste. Wenn das der Preis für Gehorsam ist, dann wollte ich uns das ersparen. Über die positive Verstärkung und andere Trainingsmöglichkeiten wusste ich damals leider noch nichts.

Heutzutage begegne ich immer wieder Leuten, die genauso empfinden. Lieber einen unerzogenen Hund als einen, der sich beim Training nicht wohlfühlt! Aber heute haben wir das Glück, dass bessere Ausbildungswege bekannt sind. Hundetraining kann und soll Spaß machen, und zwar Mensch und Hund!

Celina del Amo zeigt in diesem Buch sehr schön, wie man den **Hund aktiv am Training beteiligen** kann. Der Hund lernt mitzudenken und Hund und Mensch entwickeln gemeinsame Ziele – das schweißt zusammen. Außerdem kommt die mentale Einstellung des Hundehalters nicht zu kurz. Die spielt im Umgang mit dem Hund eine entscheidende Rolle. So war mein Hund Timo immer ein angenehmer Begleiter, auch wenn er das Hundeplatz-Bei-Fuß nicht konnte – weil wir einfach ein tolles Team waren. Die innere Einstellung kann Training ganz besonders effektiv machen, was sehr schön deutlich wird.

Immer wieder ist auch die Achtung vor dem Hund zu spüren, die in Celina del Amos Buch eben nicht zu unterdrückten Befehlsempfängern degradiert werden, sondern durch das Training eine sinnvolle Beschäftigung bekommen. Und sinnvolle Beschäftigung gibt es genug. Es werden so viele Übungen vorgestellt, dass ein Familienhund eigentlich keine Langeweile mehr zu haben brauchte. Außerdem wird schön deutlich, dass jede kleine Alltagssituation auch eine Trainingssituation ist. Vor kurzem las ich, dass Hunde ihr Gehirn eben nicht nur fürs Training einstecken und die andere Zeit in der Schublade lassen. Und so ist es: **Hunde lernen immer!**

Celina del Amo gibt für alle möglichen Situationen Tipps und zeigt Trainingsansätze auf. Mir gefällt dabei besonders, dass immer deutlich wird, dass es **kein Patentrezept** gibt, und dass der Hundehalter immer angeregt wird – und ihm auch zugetraut wird – selber Wege zu finden. Es gibt eben nicht nur einen Trainingsweg!

Neben der **Grundausbildung** werden auch so **praktische Aufgaben** wie Wäsche anreichen, Schublade öffnen usw. erklärt. Und es gibt einen ganzen Pool an **Geschicklichkeitsaufgaben**. Und wer immer nur auf ein und dieselbe Art und Weise mit seinem Hund spielt, wird vielleicht staunen, welch vielfältige Möglichkeiten es gibt.

Alles in allem ist dieses Buch eigentlich **das Buch für den Familienhund**! Es bietet so viele Anregungen, dass man seinem Hund ein abwechslungsreiches Leben bieten kann – mit einem Training, das Spaß macht und Mensch und Hund zu einem tollen Team werden lässt. Ich wünschte, so ein Buch hätte es schon gegeben, als ich meinen ersten Hund hatte!

Viviane Theby

Allgemeines zur Hundeausbildung

In eine Mensch-Hund-Beziehung fließen von beiden Seiten ganz unterschiedliche Talente und Begabungen ein.

Das Mensch-Hund-Team

Um ein **erfolgreiches Team** zu werden, gilt es diese Anlagen in idealer Form zusammenzubringen und zu nutzen. Dem Menschen kommen hierbei die Koordinationsaufgaben zu. Entgegen althergebrachter Meinungen ist der Hund allerdings nicht darauf beschränkt, Befehlsempfänger zu sein und wie ein kleiner Roboter Gehorsamsübungen vorzuturnen. Wenn das Training durchdacht ist und unter Umsetzung **lerntheoretischer Grundregeln** und **moderner Trainingstechniken** gestaltet wird, darf der Hund sich auch aktiv am Denkprozess beteiligen.

Hunde bringen je nach Veranlagung bzw. Rassetyp sehr unterschiedliche Talente mit ins Team ein. Wie leicht ein Hund zu trainieren ist, hängt von verschiedenen Faktoren ab. Auch die Zuchtgeschichte der Rasse und der Rassetyp spielen hierbei eine Rolle. Je enger beispielsweise der Hund bei seiner ursprünglichen Arbeitsbestimmung mit dem Menschen ein Team gebildet hat, desto größer ist auch heute noch die Tendenz, sich leicht vom Menschen führen zu lassen. Je eigenständiger jedoch die ursprüngliche Arbeitsleistung vom Hund erbracht werden musste oder sollte, desto mehr Mühe muss sich der menschliche Trainingspartner zumindest zu Beginn des Trainings geben, um den Hund für eine enge Teamarbeit zu begeistern. Wenn diese Hürde genommen ist, steht einer erfolgreichen Arbeit nichts mehr im Wege.

Neben diesen Punkten spielt aber auch die **individuelle Aufzucht** der Hunde eine große Rolle. Eine **gute Sozialisation** ist für einen freien und freundlichen Charakter entscheidend. Daneben kommen aber auch genetische Aspekte, vor allem in Bezug auf Angstverhalten, zum Tragen. Unterschätzt wird leider immer noch häufig, dass auch über die Gesundheit mitbestimmt wird, wie frei und offen ein Hund sich in alten und neuen Übungen präsentiert und wie leicht er motiviert werden kann. Einschränkungen in einem der genannten Punkte führen zu Abstrichen in der Lernleistung, was jedoch nicht bedeuten soll, dass die betroffenen Tiere nicht trotzdem in Übungen eingebunden werden können und sollten. Im Gegenteil! Allerdings sollten die Übungen auf die Bedürfnisse der Tiere zugeschnitten sein und das Leistungsziel nicht zu hoch gesteckt werden. Überforderung, die oft durch falschen Ehrgeiz entsteht, sollte grundsätzlich vermieden werden.

Unterm Strich kann man sagen, dass sich Training mit dem Hund für

Ein gutes Hund-Mensch-Team basiert auf gegenseitigem Vertrauen.

jedes Hund-Mensch-Team auszahlt. Der Spaßfaktor spielt dabei natürlich auch eine Rolle. Vor allem aber der Zugewinn an Führbarkeit, Konzentration und Gehorsam bringt jedem Familienhund im privaten und öffentlichen Bereich viele Pluspunkte ein.

Denken Sie daran!
Einem gut erzogenen Hund können mehr Freiheiten eingeräumt werden, als einem, der nie Folge leistet.

Wie intelligent ist der Hund?

Der Begriff Intelligenz ist so vielschichtig, dass er kaum als pauschale Eigenschaft für einen Hund angewandt werden kann. In verschiedenen Tests, deren Wert man bei manch einem Übungsaufbau aus wissenschaftlicher Sicht eher anzweifeln darf, wird immer wieder versucht, die Intelligenz des Hundes in Zahlen auszudrücken oder Vergleiche zu anderen Tierarten herzustellen. Aussagen wie „So intelligent wie ein dreijähriges Kind" oder „Schlauer als Katzen, aber dümmer als Affen" sind dann das Ergebnis. In der Arbeit mit Hunden machen solche Feststellungen und Verallgemeinerungen keinen Sinn. Halten Sie also lieber Abstand von derartigen Äußerungen und beschäftigen Sie sich lieber mit dem Ist-Zustand Ihrer Hundeerziehung und mit Ihren neuen Trainingszielen.

Klar hervorzuheben ist in jedem Fall, dass Hunde sehr **fein strukturierte Lebewesen** sind, denen wir frei-

mütig mehr zutrauen sollten, als es bislang in der durchschnittlichen Hundewelt getan wird. Als Rudeltiere verfügen Hunde über ein hohes Maß an **sozialer Integrationsbereitschaft**. Außerdem sind sie gerne bereit, ihre Talente für die Gruppe einzusetzen, wenn dabei – und da sind sie dem Menschen sehr ähnlich – ein persönlicher Erfolg für sie herausspringt!

Für die Messung von Intelligenz spielt die Fähigkeit, mehr oder weniger abstrakte Verknüpfungen herstellen zu können, gemeinhin eine große Rolle. Auch hier schneiden Hunde, wenn man sie gemäß den Regeln der Lerntheorie ausbildet und eigenständig denken lässt, erstaunlich gut ab. Hunde sind schon viel zu lange wie kleine Unterlegene behandelt worden, die hin und her kommandiert wurden.

Machen Sie es besser! Lassen Sie sich von den Fähigkeiten Ihres Hundes verzaubern, indem Sie das Beste aus ihm herausholen. Respektieren Sie seine Andersartigkeit und nutzen Sie in der Ausbildung die Vorteile, die sich hieraus ergeben. Die **Nasenleistung** des Hundes ist das beste Beispiel dafür: Sicher würden Sie nicht behaupten, Sie seien nicht intelligent, nur weil Sie es nicht schaffen, eine Prise Salz in fünf Litern Wasser gelöst zu riechen. Für die meisten Hunde stellt das interessanterweise kein Problem dar. Ziehen Sie sich also den Schuh selbst an und arbeiten Sie daran, mit Ihrem Hund zusammen ein echtes Team zu bilden, indem Sie Ihre Talente und die Ihres Hundes in geschickter Weise zusammenfügen. Vielleicht werden Sie sogar erstaunt sein wie einfach das ist!

Lernfähigkeit

Die Lernfähigkeit ist, genau wie bei uns Menschen, nicht bei allen Hunden gleich. Vor allem negatives Stressempfinden schränkt die Lernfähigkeit ein. Wer einen schnellen Trainingserfolg anstrebt, sollte also von Anfang an auf **ideale Lernbedingungen** achten. In den ersten Lernschritten bedeutet das, dass Ablenkungsreize möglichst ausgeklammert werden sollten. Später sollen diese dann in kleinen Schritten eingeführt werden, um eine Übung zu festigen.

Hunde, die schon als Welpen liebevoll gefördert wurden, zeigen sich später lernwilliger. Dies gilt insbesondere, wenn schon **ganz früh spielerische Übungen** umgesetzt wurden, in denen der Hund erfahren konnte, wie viel Spaß konzentrierte Teamarbeit mit dem Menschen macht.

Fördern Sie die Lernbegeisterung Ihres Hundes ein ganzes Hundeleben lang durch kontinuierliche, artgerechte Spiele und Übungen.

Bedenken Sie
Ein Hund, der viel erlebt, weil er bei vielen Aktivitäten seiner Familie dabei sein darf und gleichzeitig viele Befehle lernt, wird auch als erwachsener Hund mehr Intelligenz im Sinne von Auffassungsgabe an den Tag legen als ein Hund, der nie gefordert wird, selbst wenn dieser die besseren Erbanlagen haben sollte.

Da der Zusammenhang zwischen **Stress** und **Lernfähigkeit** in jeder beliebigen Interaktion mit dem Hund relevant ist, wird im Folgenden noch einmal genauer darauf eingegangen. Denn schließlich spielen nicht nur Ablenkungen aus der Umgebung eine Rolle. Die Liste möglicher Stressfaktoren ist lang.

Rückhalt aus dem Team

Sie können selbst ganz aktiv mitbestimmen, wie aufnahmebereit sich Ihr Hund im Training zeigen wird. Denn wenn Sie eine optimale Lernumgebung schaffen, steht einer perfekten Teamarbeit nichts mehr im Wege. Überprüfen Sie, inwieweit Sie Ihrem Hund ideale Lernbedingungen bieten oder in Zukunft mit ein paar kleinen Umstellungen bieten können.

Gefühl von sozialer Sicherheit

Hunde sind Rudeltiere, die darauf ausgerichtet sind, nach einer für ihre Art charakteristischen Rangordnung zu leben. Dieses Weltbild projizieren sie auch auf die menschlichen Mitglieder ihres „Rudels", also auf die Familie in der sie leben. **Feste Rangstrukturen** dienen übrigens nicht dem Zweck, die ranghohen Individuen zu stärken und sie zu allmächtigen Befehlsgebern zu machen, sondern ganz pragmatisch der **Aggressionsvermeidung**. Innerhalb der eigenen Gruppe zu streiten oder gar zu kämpfen ist unter Hunden eigentlich nicht vorgesehen. Hier gilt es Kräfte zu sparen.

Der Job der ranghohen Rudelmitglieder ist vom Belastungsmaß her gesehen der anspruchsvollere und stressigere. Ranghohe Rudelmitglieder müssen Entscheidungen treffen und Gefahrensituationen umgehen oder meistern. Schon hieraus kann man ablesen, dass die Chefrolle für den Hund tatsächlich gar nicht so erstrebenswert ist, wie es gemeinhin immer angedeutet wird. Tun Sie Ihrem Hund ruhig den Gefallen, als Chef die Gruppe zu leiten, dann kann er sich auf einer unteren Rangstufe voll entfalten.

Chef der Gruppe ist derjenige, der es schafft, andere das tun zu lassen, was er gerade möchte. Knapp gefasst bedeutet das: Der **Chef lenkt und leitet**, und zwar im Einverständnis und Einklang der anderen Gruppenmitglieder, die sich unter seiner **vorausschauenden**, **souveränen Führung** sicher und geborgen fühlen.

Bedenken Sie
Die souveräne Leitung eines Hundes hat nichts mit körperlicher Unterdrückung zu tun!

Kernpunkte der souveränen Führung sind:

- Blockieren Sie mögliche Fehler durch möglichst stressfreie Managementmaßnahmen und zahlen Sie Ihrem Hund für gutes Verhalten ein hohes Maß an Anerkennung aus. Auf diesem Weg wird er sich bei Ihnen besonders wohl fühlen. Das Zaubermittelchen dieser Art der Rang(neu)-gestaltung heißt **Aufmerksamkeitssteuerung**.

- Lassen Sie Ihren Hund abblitzen, wenn er etwas von Ihnen fordert. Bieten Sie ihm alles, was er gerne haben möchte oder was er für sein Wohlbefinden braucht, ab sofort nur noch für eine kleine **Gegenleistung** an. Beachten Sie, dass Sie hierbei geschickt vorgehen müssen, denn die Regel Nummer eins: „Forderndes Verhalten wird strikt ignoriert", sollte hierbei nicht gebrochen werden.
- Beweisen Sie Ihrem Hund, dass Sie ein souveräner Rudelführer sind. Das ist vor allem in schwierigen Situationen wichtig. Geben Sie Ihrem Hund im Alltag die Chance, sich an Ihnen orientieren zu können. Denn dann muss er sich nicht selbst entscheiden, Dinge zu regeln.
- Wenn Probleme vorhersehbar sind, ist sogar **Ablenken** als Technik erlaubt! Beim Ablenken ist zwar die Lernausbeute des Hundes sehr gering, jedoch übt der Hund beim Ablenken auch kein unerwünschtes Verhalten – ein nicht zu unterschätzender Vorteil.
- Wer ganz konkret an der Abstellung einer unerwünschten Verhaltensweise des Hundes arbeitet, ist oftmals zu Beginn des Trainings mit einem Coach an seiner Seite gut beraten. Dieser sollte über fundiertes Fachwissen im Sinne der Lerntheorie verfügen. Moderne und gut ausgebildete Hundetrainer oder Tierärzte, die auf Verhaltenstherapie spezialisiert sind, sind hier die richtigen Ansprechpartner.

Wichtig
Das höchste Rangprivileg ist die Zuteilung von Aufmerksamkeit. Nutzen Sie diese Tatsache zur Rangeinweisung. Achten Sie darauf, dass Sie es sind, der Sozialkontakte, Spiele, Streicheleinheiten und Übungen beginnt und auch beendet.

Konsequenz als Schlüssel zum Erfolg

Hunde sind im Gegensatz zu Menschen grundsätzlich sehr konsequent. Sie beobachten uns im Alltag und bewerten unsere Handlungen und die gesamten Situationen anhand der jeweiligen Folgen. Dies gilt in einer Trainingssituation genauso wie bei alltäglichen Kleinigkeiten. Und hier ist Vorsicht geboten. Wenn Hunde Lücken im System entdecken, nutzen sie diese Lücken für ihren eigenen Vorteil. Sehr schlau und vielleicht sogar sehr menschlich!

In der Trainingsgestaltung sollte der **Konsequenzregel** viel Aufmerksamkeit geschenkt werden. Und zwar sowohl beim Erlernen bestimmter Übungen als auch bei der Vermeidung möglicher Fehler. Ein familiäres Beispiel: Wenn einer aus der Familie den Hund auf das Sofa lässt, um dort mit ihm zu kuscheln, ist es für den Hund schwer nachvollziehbar, wieso er das nicht immer darf. Aber selbst das kann er noch herausfinden. Kritischer ist ein anderer Gesichtspunkt: Er wird niemals lernen, dass das Sofa eine Tabuzone ist, wenn das das eigentliche Trainingsziel war oder ist. Ähnliches gilt für das Betteln. Bei inkonsequentem Vorgehen bleibt stets eine kleine Hintertür offen, durch die der Hund dann und wann schlüpfen wird. Die einzige Lösung ist also, im Familienrat eine gemeinsame Lösung zu finden. Selbst Kompromisse sind erlaubt, wenn diese der Hundelogik gerecht werden können! Auch hier wieder das Sofa-Beispiel: Wenn der Hund vermittelt bekommt, dass er stets nur auf das Sofa darf, wenn eine Decke für ihn ausgebreitet wird, gibt es kein Hintertürchen mehr. Durch diese klare **Nur-dann-Regel** ist der Konsequenz genüge getan – vorausgesetzt, es halten sich auch wirklich alle daran. Durch Konsequenz unterstreichen Sie übrigens wiederum auch Ihre eigene Souveränität und vermitteln Ihrem Hund das Gefühl von **sozialer Sicherheit**.

Vertrauen stärken

Der Grundbaustein für jeglichen Erfolg in der Hundeausbildung ist die sichere Gelassenheit bei der Arbeit. Werden Sie locker und vertrauen Sie Ihrem Hund! Er hat tolle Anlagen, die Sie in Ihrem Sinne formen können. Schauen Sie sich doch mal um! Sie werden sicherlich andere Hund-Halter-Teams sehen, die schon jetzt das erreicht haben, was Sie mit Ihrem Hund gerne erreichen möchten. Unmöglich ist es also nicht.

Besonders für den unerfahrenen Hundehalter sind **Vertrauen** und **Gelassenheit** jedoch eine schwierige Angelegenheit. Denn aus tiefstem Herzen heraus werden Sie Ihrem Hund nur Vertrauen schenken können, wenn Sie sehen, dass er es auch verdient. Leider beißt sich hier die Katze in den Schwanz. Ihre Sicherheit kann er nämlich nur spüren, wenn Sie ihm tatsächlich vertrauen. Erfahrene Hundebesitzer werden Ihnen bestätigen, dass ein Hund ein äußerst feines Gespür dafür hat, was man ihm zutraut und was nicht. Machen Sie sich also mental frei davon zu glauben, dass irgendetwas nicht gelingen wird. Wenn Ihr Hund das Trainingsziel **theoretisch** erfüllen kann, kann er es auch **praktisch**, indem Sie mit ihm gemeinsam den Weg der kleinen Schritte gehen. Halten Sie sich nicht immer das

Seien Sie immer konsequent – nur dann können Sie Ihre Mahlzeiten auch in aller Ruhe genießen.

Endziel vor Augen, wenn Ihr Hund noch Trainingsanfänger ist. Arbeiten Sie sich stattdessen von A bis Z durch alle Trainingsschritte. Wobei jeder dieser Schritte auch ausreichend häufig zunächst ohne und später mit Ablenkungen geübt werden muss, bis der nächste Schritt und somit das nächste kleine Trainingsziel auf dem Ausbildungsweg in Angriff genommen wird.

Wenn Sie an einem unerwünschten Verhalten Ihres Hundes arbeiten oder insgesamt ein hohes Trainingsziel mit ihm anstreben, ist eine Schulung in Mentaltraining wirklich zu empfehlen. Nehmen wir ein Beispiel: Ihr Hund hat seit jeher Streit mit dem Nachbarhund, der immer am Gartenzaun bellt. Da Ihr Hund, wenn Sie mit ihm an dem Zaun vorbeigehen, wild reagiert, haben Sie wahrscheinlich bisher entweder mit ihm geschimpft oder versucht, ihn mit Lob oder in anderer Form irgendwie zu überlisten, um mit ihm an dem neuralgischen Punkt vorbeizukommen. Sie werden allerdings mit all Ihren Versuchen so lange nichts erreichen, wie Sie selbst Unbehagen bei der Sache verspüren und im Hinterkopf haben, dass Ihr Hund sein Fehlverhalten beibehalten wird. Erst wenn Sie davon überzeugt sind, dass er die Reize ignorieren und auf Ihr Kommando achten wird, wird er es wirklich auch tun, denn erst dann strahlen Sie genug Souveränität aus, um Ihren Hund davon zu überzeugen, sich freiwillig Ihnen und nicht dem Erzfeind zuzuwenden.

Dies ist auch einer der Gründe, warum viele Hunde, die ohne Beisein oder Zutun der Besitzer von einem Trainer ausgebildet wurden, oftmals schon bald nach der „Übergabe" wieder in ihr altes Verhaltensmuster zurückfallen. Ein erfahrener Trainer weiß schließlich, was der Hund kann und dass er es zu jeder Zeit tun wird, denn er hat es ihm selbst beigebracht. Der Besitzer, der bei der Erziehung gescheitert war, wird unter Umständen auch dann noch mit Zweifeln an die Sache herangehen, wenn er gesehen hat, dass der Hund unter Anleitung eines erfahrenen Trainers plötzlich besser gehorcht. Der Hund spürt diese Zweifel genau und wird wegen dieser Verunsicherung auch nicht das gewünschte Verhalten an den Tag legen.

Wichtig
Wenn der Hund Sie noch nicht richtig kennt und einzuschätzen weiß, sollten Sie besonders bemüht sein, ihn nicht durch für ihn unlogisches Verhalten zu „schockieren" und somit scheu und ängstlich zu machen. Bestimmte Gewohnheiten, die dem Hund auch Sicherheit bieten, werden sich nach kurzer Zeit eingespielt haben. Einem ungetrübten Trainingsbeginn steht dann nichts mehr im Wege.

Lassen Sie Ihren Hund also Ihr echtes Vertrauen und Interesse spüren, denn dann wird auch er sich auf Sie einlassen und richtig reagieren. Sie fragen sich nun sicherlich: Was kann ich schon gegen ein Gefühl wie Zweifel tun, wo der Hund doch schon hundert Mal unerwünscht reagiert hat? Die Frage ist berechtigt. In diesem Moment können Sie tatsächlich nicht viel tun. Aber Sie können es lernen! Neben einem **Kurs in Mentaltraining** ist es auch hilfreich, sich eine Reihe anderer Situationen und anderer Befehle vor Augen zu führen, bei denen Ihr Hund Ihrer Anleitung brav folgt. So können Sie Ihr Vertrauen, Ihre Liebe und Ihren Stolz Ihrem Hund gegenüber vertiefen. Bewahren Sie **Geduld** und geben Sie nicht auf, nur weil einmal etwas nicht so schnell gelingt, wie Sie es sich erhofft haben. Überprüfen Sie auch noch einmal kritisch den Trainingsaufbau. Manchmal ist der Ansatz einfach ungeschickt gewählt. In schwierigen Fällen lohnt es sich auch hier einen Coach zu buchen, der mit einem neutralen Blick von außen Fehler leichter finden wird, als Sie selbst, wenn Sie mitten in der Situation stecken.

Sicherung aller essenziellen Bedürfnisse

Wenn sich ein Hund unwohl fühlt, steht er unter Stress. Solange er weiß, wie er seinen Zustand wieder optimieren kann, ist dieser **Stress** für ihn nichts Schlimmes. Er wirkt sogar motivationssteigernd. Anders ist es, wenn er selbst entweder keine Lösung kennt, mit der er seine Situation verbessern könnte, oder wenn er schlicht nichts dagegen unternehmen kann. In diesen Fällen empfindet der Hund die Situation als negativ und den Stress als Belastung. In manchen dieser Fälle können Sie ihm helfen, indem Sie seine Probleme erkennen und, falls möglich, die Bedingungen in der Situation für ihn ändern. Als Chef der Truppe ist das auch Ihre Aufgabe! **Futter, Wasser** und auch **ausreichende Ruhepausen** sowie sichere Ruheplätze gehören für den Hund zu den **Grundbedürfnissen**. Als Chef haben Sie großen Einfluss darauf, ihm diese Dinge bereitzustellen. Verschenken müssen Sie aber nichts! Verlangen Sie eine kleine Gegenleistung von Ihrem Hund, deren Erfüllung für ihn unproblematisch sein sollte.

Als nächstes kommt das Bedürfnis nach **körperlicher Unversehrtheit** und **Gesundheit**. Lassen Sie Ihren Hund durch Ihr vorausschauendes Handeln möglichst nicht ins offene Messer laufen, wenn Sie Probleme oder kritische Situationen im Vorfeld erkennen können. Holen Sie außerdem frühzeitig Hilfe, wenn Sie gesundheitliche Probleme vermuten, denn Hunde sind wahre Meister darin Ihre Wehwehchen, vor allem Schmerzen, zu verheimlichen. Übrigens ist auch Juckreiz, der häufig bei Parasitenbefall oder auch bei Futtermittelunverträglichkeiten auftreten kann, ein starker Stressor, der die Lernleistung erheblich herabsetzt.

Andere Stressfaktoren, wie etwa das Wetter, können natürlich weder vom Hund noch von Ihnen direkt beeinflusst werden. Sie haben aber auch hier die Möglichkeit Ihren Hund zu unterstützen, indem Sie die Trainingszeiten bei starker Hitze im Sommer so wählen, dass es nicht zu heiß ist oder im Winter einem Hund, der schnell friert, bei Minusgraden ein Mäntelchen überziehen.

Gefühl von Gestaltungsfreiheit

Der Begriff „Gestaltungsfreiheit" ist auf den Hund im Grunde nur mit einem Schmunzeln anzuwenden, denn wir wissen nicht, was die Hunde denken und wie sie sich im Detail fühlen.

Wir können nur beobachten und Rückschlüsse daraus ziehen. Genau wie auch für uns Menschen ist es aber augenscheinlich für Hunde sehr demotivierend, immer nur Befehlsempfänger zu sein und keine Anerkennung aus dem Team zu bekommen. Vermeiden Sie diesen Fehler strikt. Geben Sie Ihrem Hund **Anerkennung**, wenn er etwas gut gemacht hat und gehen Sie noch einen ganzen Schritt weiter: Lassen Sie ihn so oft wie möglich die Lerninhalte, die Sie sich vorgenommen haben, selbst herausfinden, und bauen Sie auch im Alltag auf den guten Ideen Ihres Hundes auf. Sie werden erstaunt sein, wie kreativ Ihr Hund sein kann. Die Kreativität des Hundes kann übrigens auch noch weiter gefördert werden, aber hierzu später mehr. Essenziell bei diesem Ausbildungsansatz ist aber nicht, auf eine tolle Eingabe des Hundes zu hoffen und zu erwarten, dass er mit ein bisschen Nachdenken sofort eine komplexe Übung in Perfektion zeigt. Es sind Kleinigkeiten, mit denen der Hund Ihnen seine Ideen vermittelt. Er testet, was welche Wirkung hat. Mehr Freude an der Teamarbeit hat er natürlich bei positiver Wirkung, also zögern Sie nicht, sich für den Weg der **kleinen Schritte** und der **Belohnungen** zu entscheiden. Vermeiden Sie im Training im Umkehrschluss, den Hund in seiner Arbeit ständig zu unterbrechen und zu ermahnen. Verhindern Sie Fehler lieber über Managementmaßnahmen, als sie über Korrekturen und Strafen zu ahnden. Auf diese Weise können Fehler gar nicht erst auftreten und werden dementsprechend auch nicht geübt. Die hier angesprochenen Managementmaßnahmen müssen sich natürlich jeweils in der jeweiligen Situation realisieren lassen. Beispiele wären eine etwas größere Distanz, weniger Ablenkung, stärkere Motivationshilfen oder auch die Leine, um den Wirkungsradius einzuschränken.

Langeweile vermeiden

Langeweile ist für Hunde ein starker Stressfaktor. Genau genommen verlieren sie sogar an Lebensfreude, wenn sie nicht gefordert werden und liegen irgendwann nur noch träge herum. Eine negative Lernerfahrung, meist schon aus Welpen- oder Junghundetagen, kommt außerdem noch dazu: Anfänglich ist es in aller Regel so, dass sich Hunde, wenn sie Freizeit haben, durchaus auch selbstständig mit Dingen beschäftigen, die ihnen Spaß bringen. Nehmen wir Buddeln im Garten und Jagen nur als zwei Beispiele. Diese eigenständig erwählten Hobbys sind von uns Menschen aber meist nicht gern gesehen. Daher wird die Ausübung verhindert oder der Hund für sein Handeln bestraft. Dies dämmt seine Eigenaktivität stark ein, denn obwohl er keine Beschäftigung hat, ist die Konsequenz, wenn er sich eine sucht, unangenehm. Lassen Sie es mit Ihrem Hund gar nicht erst soweit kommen oder befreien Sie ihn nun aus diesem Zustand. Geben Sie ihm etwas zu tun! Ich bin sicher, dass Sie aus den Übungen, die später vorgestellt werden, einiges an Trainingsspaß für Sie beide herausholen können. Aber selbst wenn für ein aktives Training einmal keine Zeit ist, kann der

Auch Kinder in der Familie müssen vom Hund akzeptiert werden – lassen Sie die beiden aber nie ohne Aufsicht allein.

Hund beschäftigt werden. Sie müssen dann noch nicht einmal selbst mitwirken, denn auch mit Futter gefüllte Spielbälle, die Suchaufgabe, eine Knabberstange zu finden und ähnliche Dinge sind Erfolg versprechend, wenn es um den Kampf gegen die Langeweile geht.

Der Familienhund

Familienhund zu sein ist eine anspruchsvolle Aufgabe, denn der Wunsch der Familie ist meist, einen besonders braven Begleiter zu haben, der frei von Ängsten oder Aggressionen sein soll. Zudem soll er sich mit jedermann gut verstehen und allen Familienmitgliedern treu Folge leisten. Leider ist das in der Realität nicht mit jedem Hund so leicht zu erreichen. In jedem Fall aber stecken **jede Menge Arbeit** und **geduldiges Üben** dahinter. In einer Familie verhalten sich Hunde nicht allen Familienmitgliedern gegenüber gleich. In einigen Fällen kann es sogar sein, dass die Person, die sich selbst als Chef der Gruppe sieht, nicht die Bezugsperson des Hundes ist und der Hund bei seiner Bezugsperson besser gehorcht. Bezugsperson zu sein ist allerdings kein selbst erwähltes Attribut. Es kann außerdem sein, dass der Hund sogar mehrere Personen als Bezugspersonen wählt. Meist sind es die Menschen, die sich viel mit ihm beschäftigen, ihn fordern und fördern, seine Leistung anerkennen, aber ihm durchaus auch klare Regeln vorgeben. Diejenigen aus der Familie, die viel Zeit mit dem Hund verbringen und ihm durch Übungen, Spiele und andere Aktivitäten Zuwendung geben, stehen hoch im Kurs. In Familien kann es also passieren, dass die Bezugsperson beispielsweise die Oma ist, die den ganzen Tag zu Hause ist und ab und zu mit dem Hund „eine Runde dreht", auch wenn er die Befehle vom Familienvater gelernt hat und sein Fressen von dessen Frau bekommt.

Bei einem Familienhund ist es ideal, wenn sich die ganze Familie an den Übungen und Spielen beteiligt, denn unabhängig von der besonders innigen Beziehung zu seiner Bezugsperson findet ein Hund durchaus auch großen Gefallen an Späßen mit den anderen Familienmitgliedern. Das führt außerdem insgesamt zu einem besseren Verhältnis zwischen dem Familienhund und „seinen" Menschen und zu einem besseren Gehorsam. Obwohl in den Übungen und auch in Spielen vom Hund Gehorsam verlangt wird und wir ihn Aufgaben erledigen lassen, darf er in der Erziehung und im Zusammenleben niemals als abrufbare Sache oder als Gebrauchsgegenstand betrachtet werden. Er sollte ein Begleiter sein, der an allen Aktionen teilnimmt. Wenn wir ihm dies zubilligen, wird er bald zu unserem besten und treuesten Freund. Jedes Familienmitglied sollte also bestimmte Übungen auf einem ganz individuellen Leistungsstand umsetzen. Wenn im Vergleich zu einem anderen Familienmitglied Abstriche zu erkennen sind, gilt es diese in kleinen Schritten und weiteren Übungen geduldig abzubauen.

Wichtig
Bezugsperson des Hundes wird man nicht durch grenzenlose Nachgiebigkeit oder indem man dem Hund jeden Wunsch von den Augen abliest! Der Hund wählt denjenigen zur Bezugsperson, der ihm in hundegerechter Art und Weise Führung vorgibt und ihn leitet, seine Fähigkeiten anerkennt und seine Bedürfnisse respektiert.

Der Begriff der Unterordnung

„Unterordnung" ist ein Begriff aus dem Hundesport und bezieht sich auf bestimmte Grundgehorsamsübungen. Auch wenn es verwirrend klingt: Wenn der Hund eine gute Unterordnung beherrscht, heißt das also keinesfalls, dass er eine untergeordnete Rangposition belegt. Leider wird das oft verwechselt. Gehorsamsübungen gelernt zu haben und in einer klaren Rangfolge zu leben, sind zwei getrennte Paar Schuhe, die zugunsten des Hundes aber durchaus zusammengebracht werden können. Durch **Souveränität**, **Konsequenz**, **Weitblick** und mit einem guten **Verständnis für Hundelogik** können Sie Ihren Hund so leiten, dass er Sie mit jeder Faser seines kleinen Hundeherzens lieben wird. Er fühlt sich wohl bei Ihnen. Das ist die beste Basis, auch am Gehorsam zu feilen, denn Sie können ihm so leicht ideale Lernbedingungen bieten.

Hinweis zu aggressivem Verhalten
Sollte sich Ihr Hund Ihnen oder einem anderen Familienmitglied gegenüber aggressiv benehmen, ist es sinnvoll, professionelle Hilfe in Anspruch zu nehmen. Ein bloßes Üben nach Schema F oder affektgesteuerte Strafmaßnahmen führen in aller Regel zu Misserfolgen und verschlechtern die Situation oft sogar. Sprechen Sie Ihren Tierarzt auf mögliche fachliche Unterstützung an.

Prinzipien der Ausbildung

In der Hundeerziehung macht man sich im Wesentlichen die Technik der klassischen und der instrumentellen Konditionierung zunutze. Bei der **klassischen Konditionierung** wird eine unbewusste oder Reflexhandlung auf ein Kommandowort konditioniert, indem ein zunächst neutraler Reiz, beispielsweise das Kommandowort, zeitlich mehrfach eng mit einem die Handlung selbst auslösenden Reiz gekoppelt wird. Im Hundetraining kann man die klassische Konditionierung zum Beispiel für das Training der Stubenreinheit (vgl. S. 79), aber auch für andere einfache und reflexartig ablaufende Handlungen und für Entwicklung eines emotionalen Bezugs zu einer Situation ausnutzen.

Häufiger nutzt man in der Hundeausbildung allerdings die **instrumentelle Konditionierung**, bei der man ein bestimmtes Verhalten belohnt oder bestraft und somit die Wahrscheinlichkeit erhöht bzw. herabsetzt, mit der das Verhalten gezeigt wird.

Der Befehl „Pfote" ist nützlich und macht dem Hund und Ihnen Spaß.

Im Training sollten Sie die Methode, einen Erfolg zu belohnen, unbedingt jener Methode vorziehen, unerwünschtes Verhalten zu bestrafen. Bei Letzterem wird jedes unerwünschte Verhalten umgehend bestraft, was zwar auf Dauer zur Unterlassung des unerwünschten Verhaltens führt, aber mit starken Frustrationen einhergeht und nicht selten zu Ängstlichkeit und Aggressionen führt. Der größte Knackpunkt dieser Herangehensweise ist aber: Wenn man nur die „Misserfolge" des Hundes bestraft, bleibt der Hund dumm. Das unerwünschte Verhalten wird in diesem Fall nur unterdrückt, der Hund weiß aber immer noch nicht, wie er es besser machen kann. Haken Sie diesen Weg gedanklich für sich selbst ab. Sie werden mit einem Trainingsansatz, bei dem Sie gutes Verhalten belohnen und Fehler weitgehend verhindern, schneller einen Hund ausgebildet haben, der gerne und zuverlässig Folge leistet. Dem Tier und sicherlich auch Ihnen selbst macht dieser Weg außerdem bestimmt mehr Freude.

Essenzielle Trainingsbedingungen

Um aus einem Hund ein bestimmtes Verhalten herauskitzeln zu können, müssen Sie ihn entsprechend **motivieren**. Dies kann auf unterschiedlichen Wegen erfolgen.

Eine Möglichkeit ist den Hund mit einer in Aussicht gestellten Belohnung so zu **locken**, dass er bestimmte Handlungen zeigt. Dies geht bei einfachen Handlungen gut, bei komplizierten Dingen gelingt dies nicht. Nachteil des Lockens ist außerdem der Mangel an Selbstständigkeit. Diese Technik ist nur etwas für den allerersten Ansatz.

Wichtig
Es ist mit Sorgfalt darauf zu achten, dass man genau im richtigen Moment lobt, sodass der Hund seine Aktion direkt mit dem Lob verknüpfen kann. Lobt man zu früh oder zu spät, kommt es zu einer Fehlkopplung, die möglicherweise durch ein ganz neues Aufbauen der Übung erst behoben werden muss. Man weiß heute, dass der zeitliche Rahmen einer korrekten Verknüpfung beim Hund bei circa einer Sekunde liegt! Der Hund wird das Lob – oder auch den Tadel – stets auf die Aktion unmittelbar vorher beziehen.

Eine weitere Möglichkeit ist es, das **Trainingsumfeld** so zu **gestalten**, dass der Hund die Übung mit größtmöglicher Wahrscheinlichkeit richtig ausführen wird, sodass Sie ihn auch sicher dafür belohnen können. Diese Möglichkeit ist sehr gut und kann in verschiedenen Lernphasen Anwendung finden. Erst bei einem Profi gilt es immer mehr Umgebungsablenkungen einzubauen, um das Verhalten weiter zu generalisieren und zu festigen.

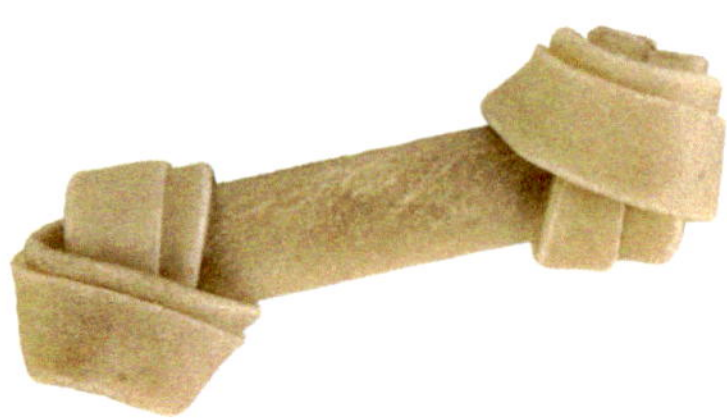

Auf das **Vertrauen** in der Hundeausbildung bin ich eben schon eingegangen. Vertrauen Sie Ihrem Hund, aber lassen Sie ihn auch spüren, dass er Ihnen ebenfalls vertrauen kann. Denken Sie sich in die Hundelogik hinein, um ihn nicht durch unlogisches menschliches Verhalten zu verwirren oder zu schockieren. Missbrauchen Sie Ihren Hund niemals als Prügelknaben für Ihren persönlichen Ärger. Sind Sie einmal angespannt oder nervös, üben Sie lieber nicht mit ihm, um Frustrationen auf beiden Seiten zu vermeiden. Erfreuen Sie sich lieber an den Übungen, die Ihr Hund schon beherrscht und nehmen Sie ihn als geduldigen Zuhörer, der Ihnen auch in einer schweren Stunde mit viel Liebe, Freude und Hingabe zur Seite steht.

Geduld ist eine weitere essenzielle Grundvoraussetzung für eine intakte Mensch-Hund-Beziehung. Sie dürfen nicht zu viel von Ihrem Hund erwarten, vor allem nicht, wenn die Erwartungen nicht deckungsgleich mit dem Trainingsinput sind. Ihr Hund braucht seine Zeit, bis er schließlich weiß, auf was Sie eigentlich hinaus wollen. Auch kleine Rückschläge müssen im Training pauschal mit eingerechnet werden.

Sie können sicher sein, dass Ihr Hund Sie bei gerechter, geduldiger Behandlung innerhalb kürzester Zeit fest in sein Hundeherz geschlossen hat und Sie so schnell nicht wieder hergeben wird – es sei denn, Sie brechen durch fatale Erziehungsfehler, Jähzorn oder andere unverzeihbare Aktionen sein Vertrauen, das er Ihnen von dem Moment an, in dem er Sie lieb gewonnen hat, entgegenbringt.

Wenn Sie bei einer bestimmten Übung Probleme haben und merken, dass Ihr Hund sie nicht in seiner üblichen Geschwindigkeit erlernt, überdenken Sie alle Details Ihres Übungsplans, denn am Hund liegt es nur in wirklich seltenen Ausnahmefällen.

Durch Inkonsequenz verdirbt man jeden Hund, selbst wenn er die besten Anlagen mitbringt, und man braucht mitunter lange, um ihn wieder als zuverlässigen Begleiter einsetzen zu können.

Achten Sie in den Übungen darauf, dass jeder Hund – auch ein kleiner niedlicher Welpe, wenn er mit dem Kommando schon vertraut ist – einen **Befehl umgehend ausführen** sollte. Üben Sie neue Befehle also zunächst in einer reizarmen Umgebung, denn dort kann er sich besser konzentrieren. Bedenken Sie außerdem, dass der Hund die Übung immer so lange umsetzen sollte, bis der Befehl von Ihnen aufgelöst wird. Bei einem jungen Tier oder bei neuen Übungen sollte die Auflösung durch Sie daher relativ bald erfolgen, damit die Übung immer erfolgreich abgeschlossen werden kann.

Aufbau der Übungen

Als Grundvoraussetzung für eine gute Hundeerziehung ist vor allem Ihr Einfallsreichtum gefragt. Sie benötigen Flexibilität, um dem Hund in einer speziell auf ihn abgestimmten Weise die Befehle zu erklären. Die im Folgenden beschriebenen Befehle und die Vorgehensweise sind stets nur Anregungen, die Sie auf Ihren Hund abstimmen sollten.

Das Erlernen und Beherrschen eines Befehls kann man im Wesentlichen in drei Phasen aufteilen:

- **Phase 1**: In der ersten Phase gilt es, dem Hund den Befehl zu erklären. In dieser Phase sollte das Verhalten möglichst mehrfach hintereinander „erkauft" werden. Locken ist in dieser Phase erlaubt, aber auch andere Techniken, etwa das freie Formen oder Selbstkontrolle-Übungen können hier benutzt werden. Das erwünschte Verhalten des Hundes sollten Sie in dieser Phase zuverlässig **jedes Mal belohnen**. Das bietet dem Hund Sicherheit. Er kann begreifen, dass er mit diesem Verhalten auf dem richtigen Weg ist.
- **Phase 2**: Hier wird der Befehl in allen möglichen, auch ungewohnten Situationen geübt und der Hund lernt, trotz jedweder Ablenkung den Befehl zu befolgen. Auch in dieser Phase sollten Sie den Hund immer noch für jede richtige Ausführung des erwünschten Verhaltens belohnen. Insbesondere, wenn die Umgebungsablenkungen schwieriger werden oder die Übung auf anderem Weg, beispielsweise durch die Dauer der Übung, erschwert wird, gilt es dies zu berücksichtigen. Auch hier braucht der Hund noch sehr viel Sicherheit. Sie sollten mehrere Tausend Wiederholungen anstreben. Diese Phase überschneidet sich mit Phase 3.
- **Phase 3**: Die Phase des vollständigen Beherrschens des Befehls, sodass Sie eine saubere Ausführung erwarten können. In dieser Phase können Sie die Einsatzmöglichkeiten des Befehls variieren, um die Übung weiterhin spannend zu gestalten. Hier ist es nun möglich, den Hund auf ein anderes Belohnungsschema, etwa eine intermittierende Belohnung, umzustellen.

Die Beschreibung der drei Phasen ist individuell von der Übung oder dem Befehl abhängig; manchmal werden im Text nur die erste oder die ersten beiden Phasen beschrieben. Der Text ist zur besseren Orientierung an den entsprechenden Stellen mit dem jeweiligen Symbol hinterlegt:

Phase 1

Phase 2

Phase 3

Die Kreativität des Besitzers ist aber nicht nur für das Erklären eines Befehls wichtig, denn jeder Hund hat einen anderen Charakter und andere Schwächen und Stärken; auch für das Variieren und das Schaffen von Ablenkungen in Phase 2 ist Einfallsreichtum von ausschlaggebender Bedeutung. Da Hunde ausgesprochen situationsbezogen lernen, ist es in dieser Phase ratsam, beim Üben immer wieder die Umgebung zu wechseln, damit der Hund einen Befehl nicht fälschlicherweise an eine bestimmte Umgebungssituation knüpft. Je mehr neue Varianten Sie sich in Phase 3 einfallen lassen, desto interessanter ist die Übung für den Hund.

Alle in den folgenden Kapiteln beschriebenen **Übungsanleitungen** sind an vielen Hunden erprobt und haben zum Erfolg geführt.

Ein winziges Leckerchen ist nach erfolgreicher Ausführung des Befehls „Sitz!" als Belohnung völlig ausreichend.

Wichtig!
Für das Lehren eines Befehls gibt es nicht nur einen einzigen Weg. Durch einige Überlegungen in einer ruhigen Minute werden Sie sicher auch andere Formen für Ihren Hund finden, auf die er von Fall zu Fall vielleicht noch leichter ansprechen wird. Nutzen Sie die hier beschriebenen Möglichkeiten also vor allem als Anregung.

Die Ursache vieler Erziehungsfehler und somit auch von Fehlverhalten des Hundes lässt sich in einem **schlechten Timing** finden. Das bedeutet, dass Tadel, Korrektur oder Lob zur falschen Zeit ausgesprochen wurden, sodass es beim Hund zu Fehlverknüpfungen gekommen ist. Hunde sind in diesem Punkt sehr genau. Belohnungen nach dem Motto „vorhin warst du ja so brav", kann ein Hund nicht verstehen. Achten Sie auf Ihre eigene Genauigkeit in der Belohnung. Sie haben ungefähr eine Sekunde Zeit, das Verhalten zu verstärken. Wenn Ihnen das zu schnell erscheint oder Sie schon wissen, dass dieses enge Timing in bestimmten Übungen eine große Stolperfalle ist, können Sie über den Einsatz eines Clickers als Sekundärverstärker (s. S. 29) Abhilfe schaffen.

Lob und Strafe

Die Erziehung des Hundes sollte auf Lob und Erfolgserlebnissen aufbauen, denn das Lernen ist wesentlich nachhaltiger, wenn der Hund es mit positiven Emotionen verknüpft. Da es verschiedene Möglichkeiten gibt, dem Hund eine Freude zu machen, können Sie auch beim Loben variieren und dadurch in jeder Situation und für jeden einzelnen Charaktertyp die ideale Form der Belohnung finden.

Formen der Belohnung

Ein kleiner Leckerbissen ist bei fast allen Hunden sehr willkommen und auch durchaus ein adäquates Erziehungsmittel. Auch hier gilt, dass jeder Hund unterschiedliche Vorlieben hat. Arbeiten Sie mit kleinen, aber besonders begehrten Leckerbissen. Auch

beim Anlernen einer neuen Übung ist es häufig günstig, mit einer **Futterbelohnung** zu arbeiten. Auf diese Weise spornen Sie den Hund zur Mitarbeit an. Es spricht übrigens nichts dagegen, Futterbelohnungen häufig einzusetzen. Ziel ist jedoch, schnell vom Stand des Lockens, also einer Bestechung, zu einer echten Belohnung, also einer Bezahlung für eine erbrachte Leistung zu kommen. Achten Sie beim Einsatz von Futterbelohnungen darauf, sie in die Gesamttagesration einzurechnen, damit Ihr Hund schlank und agil bleibt.

Die zweite hervorragende und beim Hund besonders beliebte Form der Belohnung ist der Einsatz seines **Lieblingsspielzeugs**, mit dem er sich nach einer ordentlich ausgeführten Übung dann eine Zeit lang beschäftigen darf.

Bedenken Sie
In der Anlernphase ist es notwendig, jede gelungene Übung umgehend zu belohnen. Später, wenn eine Übung schon hundertprozentig sitzt, wird nicht mehr jedes Mal überschwänglich gelobt. Auf diese Weise bleibt die Übung für den Hund spannend, denn er weiß nicht so genau, ob er sich eine tolle Belohnung verdienen kann oder nicht.

Ebenso gut als Belohnung und als kleine Zerstreuung ist eine **Aufforderung zum Spiel**, bei dem der Hund sich austoben und geistige Anspannungen abbauen kann. Das ist besonders wichtig, denn die Übungen machen dem Hund zwar sicherlich großen Spaß, erfordern jedoch auch ein hohes Maß an Konzentration. Bedenken Sie aber, dass Spielbelohnungen auch immer mit einer erhöhten Aufregung einhergehen. Aus diesem Grund eignet sich diese Belohnungsform besonders gut, wenn Geschwindigkeit gefordert ist.

Eine weitere Form der Belohnung ist das **verbale Lob**. Entscheidend ist, dass ein Lobwort vor dem Einsatz gezielt trainiert worden ist. Durch die Stimmlage muss ersichtlich sein, dass es sich um ein Lob handelt. Durch die Stimme können Sie den Hund auch noch in einiger Entfernung loben und der Hund wird durch den Stimmkontakt noch stärker auf Sie fixiert. Das Stimmlob muss von unerfahrenen Hundeführern gegebenenfalls erst regelrecht geübt werden. Scheuen Sie sich nicht, mit Überschwang an die Sache heranzugehen, auch wenn dies für Außenstehende lächerlich wirken mag.

Wenn Sie es subtiler mögen, sind Sie mit dem **Clicker** besonders gut beraten. Auch dieser muss zunächst konditioniert werden. Auch für allerschwierigste Aufgaben sind Ihnen hiermit keine Grenzen mehr gesetzt.

Sehr **sparsam** sollten Sie allerdings mit Anerkennung durch Körperkontakt in Form von **Streicheleinheiten**, sein. Die meisten Hunde mögen es nicht, wenn sie bei der Arbeit ange-

Diesem Welpen erscheint die Hand von oben bedrohlich. Beim Loben sollte man auf eine klare und freundliche Körpersprache achten, um Kommunikationsmissverständnisse zu vermeiden.

fasst werden. Zu bedenken ist außerdem, dass viele lieb gemeinte Gesten, wie etwa das Streicheln über den Kopf, aus Hundesicht als **Drohgeste** interpretiert werden können. Finden Sie selbst heraus, was Ihrem Hund an Körperberührungen angenehm ist. Die meisten Hunde lieben es, seitlich unterm Kinn, hinter den Ohren sowie auf der Kruppe gekrault zu werden. Berührungen auf Kopf und Rücken sowie Klopfen an der Seite lehnen viele Hunde ab und reagieren mit mehr oder weniger deutlichem Meideverhalten. Je nach Übung müssen Sie sich für die eine oder andere Form des Lobes entscheiden oder sie kombinieren.

Bedenken Sie
Wenn die Berührung eine Belohnung sein soll, muss der Hund sie lieben und nicht ertragen! Sich zu ducken oder etwas auszuweichen ist ein sicheres Zeichen, dass der Hund diese Form der „Belohnung" nicht mag!

Bestrafung

Der Einsatz von Strafe sollte stets kritisch betrachtet werden, denn nur unter bestimmten Bedingungen ist für den Hund eine Strafe überhaupt nachvollziehbar. Einer der wesentlichen limitierenden Faktoren ist die **zeitliche Verknüpfung**! Es ist inkonsequent und für den Hund unlogisch, ein Fehlverhalten, das möglicherweise Stunden zurückliegt, noch nachträglich zu bestrafen. In solchen Fällen müssen Sie die Tat schlicht ignorieren.

Denken Sie immer daran, dass der Hund so etwas wie ein schlechtes Gewissen nicht kennt, auch wenn er sich im menschlichen Sinne oftmals so verhält, weil er Ihren Ärger spürt und Angst oder Unbehagen in ihm aufsteigen. Außerdem handeln Hunde nicht boshaft oder rachsüchtig. Sie sind in ihren Handlungen immer ehrlich. Auch aus diesem Grund erscheint der Einsatz von Strafe mehr als fragwürdig.

Bedenken Sie
Mit Strafe werden Sie es niemals schaffen, ein Verhalten positiv zu beeinflussen. Bestenfalls gelingt es, ein unerwünschtes Verhalten zu unterdrücken. Der Hund weiß bei einer Bestrafung keinesfalls, was Sie eigentlich von ihm erwarten und er wird wieder und wieder fehlerhaft reagieren.

Unsinnig ist es ebenfalls, den Hund zu bestrafen, wenn er eine Übung nicht richtig ausführt. Versteht der Hund eine Übung nicht, so ist sie meist nur falsch vorbereitet worden und muss von Anfang an neu erarbeitet werden. Das Gleiche gilt für den Fall, dass der Hund eine Übung schon einige Male richtig absolviert hat und sie plötzlich nicht mehr beherrscht. Es gibt hierfür mehrere Ursachen, die Sie individuell neu herausfinden müssen, zum Beispiel: Der Hund hat sein erwünschtes Verhalten zunächst auf etwas Anderes bezogen und wusste gar nicht wirklich, wie die Übung zu verstehen ist, oder die Umgebung ist eine andere, wie etwa statt des Gartens eine Straße. Oft spürt der Hund bei Prüfungen die Nervosität des Besitzers und reagiert deshalb selbst fehlerhaft. Wenn Sie den Störfaktor beseitigen, beherrscht der Hund die Übung meist wieder. Es gilt, in einem solchen Fall die Übung zu festigen, sodass der Hundeführer seine Nervosität und der Hund seine daraus resultierende Unsicherheit verliert. Andernfalls gilt es, die Übung noch einmal ganz von vorne aufzubauen. Strafen kann der Hund in solchen Fällen jedoch nicht begreifen.

Ein weiterer Faktor, der den sinnvollen Einsatz von Strafe beschränkt, ist der, dass der Hund ein Verhalten nur dann nicht mehr zeigen wird, wenn es Ihnen gelingt, das besagte Verhalten eine ganze Zeit lang immer zu bestrafen, wenn es auftritt. Kaum jemand ist aber ständig mit seinem Hund zusammen. Darüber hinaus gilt auch beim Einsatz der Strafe genau wie beim Lob für die Verknüpfung die **zeitliche Bindung von etwa einer Sekunde** nach der Handlung. Dadurch wird deutlich, wie schwierig es selbst bei guter Beobachtung des Hundes ist, im richtigen Moment einzugreifen. Gelingt es Ihnen nicht, das Verhalten immer zu bestrafen, haben Sie dasselbe erreicht wie beim unregelmäßigen Einsatz von Lob: Das Verhalten ist für den Hund besonders spannend geworden.

Wenn Sie dennoch eine Strafe anwenden, sollten Sie immer darauf achten, dass dem Hund keine Schmerzen zugefügt werden! Statt der erhofften Besserung seines Verhaltens erreichen Sie mit Brutalität – abgesehen von den

Verletzungen – nur Angst und Unterwürfigkeit oder aber Aggression. Außerdem verstößt es gegen das Tierschutzgesetz, dem wir als Tierliebhaber und Hundefreunde schließlich in besonderer Weise verpflichtet sind.

Wichtig
Lassen Sie den Hund immer nach einer Strafe eine Übung machen, für die Sie ihn absolut sicher loben können, und vergessen Sie seinen vorangegangenen Fehler sofort!

Grundsätzlich gibt es **zwei Methoden der Bestrafung**: die **direkte** und die **indirekte**. Eine direkte Strafe wäre es, wenn Sie den Hund körperlich züchtigen oder ihn bedrohen. Beides kann zu der schon angesprochenen Ängstlichkeit oder Aggression führen. Viele werden jetzt sagen: „Hunde untereinander sind aber doch auch nicht gerade zimperlich, wenn sie sich einmal maßregeln." Das ist zwar richtig, aber ein entscheidender Faktor wird häufig übersehen: Es handelt sich hierbei um Artgenossen! Hunde sind schnell genug und sie setzen ihre Kräfte wohldosiert ein. Außerdem erkennen sie sofort das kleinste Unterwerfungssignal, denn sie sprechen dieselbe Sprache und stellen dann ihr Verhalten darauf ein.

Da wir Menschen in all diesen Punkten nicht mit den Hunden mithalten können, sollten wir uns – wenn wir denn meinen, strafen zu müssen – für die indirekte Strafe entscheiden.

Bei dieser Methode tritt man als Bestrafer weder verbal noch körperlich in Aktion. Man stellt beispielsweise eine Art Falle für den Hund auf, sodass die Bestrafung überhaupt nicht von der Anwesenheit des Besitzers abhängt, sondern zeitlich vom Vergehen des Hundes gesteuert wird. Ein Beispiel hierfür wäre eine Konstruktion aus mehreren leeren Dosen, die auf den Hund fallen, wenn dieser etwas vom Tisch stehlen will. Oder man bespritzt den Hund im Moment seiner Missetat mit einer Wasserpistole oder bewirft ihn mit einer leichten Rassel. Da er sich, wenn Sie wirklich nicht für ihn als Bestrafer auszumachen waren, den Schreck nicht anders erklären kann, als ihn direkt auf sein Tun zu beziehen, wird er in Zukunft davon ablassen, um nicht wieder in so eine unangenehme Situation zu geraten. Aber Achtung, ein sensibler Hund kann durch solche Maßnahmen scheu und umweltunsicher gemacht werden!

Bedenken Sie
Jede Form der Beachtung, also auch Schelte, stellt für den Hund einen Erfolg dar. Eine der wirksamsten Strafen ist somit das Ignorieren.

Hunde tun grundsätzlich nichts ohne Motivation. Wenn ein bestimmtes Verhalten nie zum Erfolg führt, wird es nicht mehr gezeigt, weil es unökonomisch ist. Dies können Sie ausnutzen. Wenn Sie Ihren Hund – auch wenn er gerade etwas anstellt – weder anschauen, ansprechen oder anfassen, sondern einfach so tun als sei er Luft, ist die Sache für den Hund lange nicht mehr so spannend. Er wird schnell versuchen ein anderes Verhalten zu zeigen, um wieder beachtet zu werden. Ein weiterer positiver Aspekt bei der Wahl, **Ignorieren als Strafe** einzusetzen ist der, dass Sie durch das Ignorieren Ihre eigene Souveränität unterstreichen, denn ein ranghohes Rudelmitglied hat es gar nicht nötig, sich schnell aufzuregen. Wenn Sie immer gleich losschimpfen, signalisieren Sie dem Hund hingegen, dass Sie selbst auch unsicher sind.

Achtung
Ignorieren kann nicht bei selbstbelohnenden Verhaltensweisen eingesetzt werden, denn hier bleibt diese Technik wirkungslos.

Wenn Ihr Hund in einer bestimmten Situation immer wieder fehlerhaft reagiert, können Sie ihm die Entscheidung, brav zu sein, erleichtern, indem Sie ihm eine **Alternative bieten**. Besonders wirksam ist dieses Vorgehen, wenn es vor einer etwaigen Missetat umgesetzt wird. Aber auch wenn Sie merken, dass Ihr Hund gerade etwas Ungeeignetes tun möchte, kann es noch eingesetzt werden. Beispiel: Ihr Hund schickt sich an, einen Schuh zu zernagen. In diesem Fall können Sie die „Aus"-Übung mit ihm üben, daran ein Apport-Spiel mit einem Spielzeug anschließen und ihm nach dem Spiel einen Kauknochen geben, mit dem er sich beschäftigen kann. Auf diese Weise wird er auf ein braves Verhalten umgelenkt und das gute Verhältnis zu Ihnen wird durch jede Übung ein kleines bisschen mehr gefestigt.

Neben Lob (und Strafe) ist es günstig, ein **verbales Korrekturmittel** wie zum Beispiel „Pfui!" einzusetzen. Natürlich muss der Hund erst lernen, was dieses Wort bedeutet, bevor Sie es einsetzen können. Eine Anleitung, wie Sie ein Korrekturwort aufbauen können, finden Sie auf Seite 57.

Lerntheorie kurz und bündig

- Übungen und Handlungen, die über **Erfolgserlebnisse** vermittelt werden, werden gerne und zuverlässig ausgeführt, denn der Hund möchte sie ausführen oder mitmachen. Achtung: Der Begriff „Erfolgserlebnisse" bezieht sich aber nicht nur auf Übungen! Ständig ist darauf zu achten, dass Ablenkungen aus der Umgebung, wie Jagdverleitungen oder die Anwesenheit von Artgenossen, mit denen getobt werden kann, in Konkurrenz zu Trainingsinhalten stehen. Ziel ist es, Kommandos mit einem hohen positiven Stellenwert zu belegen. Der Hund soll sie mit einem starken persönlichen Erfolg verknüpfen, sodass die Ausführung der Übung dem Hund lohnenswerter erscheint als die Ablenkung!
- Eingesetzte **Belohnungen** müssen das Gefühl von Freude erzeugen, sonst sind sie wertlos! Übererregung in Bezug auf eine in Aussicht gestellte Belohnung in der ersten Lernphase, in der bei Bedarf noch mit Locken gearbeitet wird und der Einsatz minderwertiger Belohnungen sind zu vermeiden.
- **Verzichten** Sie auf den aktiven Einsatz von **Strafmaßnahmen**. Bedenken Sie, dass der Hund alle Handlungen, die er zeigt, in dem Moment auch übt. Dies gilt auch für Handlungen, die nachträglich bestraft werden. Die Handlung selbst ist auch dann noch

geübt worden und der Hund hat durch die Wiederholung dieser Handlung ein höheres Maß an Geschicklichkeit in seinem eigentlich unerwünschten Tun erlangt. Setzen Sie daher lieber auf Management-Maßnahmen mit dem wichtigen Ziel, Fehler oder unerwünschte Handlungen von vornherein durch vorausschauendes Handeln und Hilfestellung zur rechten Zeit zu vermeiden. Nur so kann der Fehler verhindert und daher auch nicht geübt werden!
- Achten Sie stets auf ein **gutes Timing** beim Einsatz sämtlicher Verstärker.

Bedenken Sie
Der Hund bezieht den Verstärker stets auf die Handlung unmittelbar vor oder während des Erhalts des Verstärkers. Fehler im Timing führen zu Fehlverknüpfungen auf Hundeseite.

Einsatz des Clickers als positiver Sekundärverstärker

Wenn in der Hundeausbildung nach den lerntheoretischen Prinzipien trainiert wird, kommen Sie – zumindest, wenn ein hohes Leistungsniveau angestrebt wird – um den Clicker nicht herum. Trotzdem soll er hier nur kurz vorgestellt werden, da die meisten der in diesem Buch vorgestellten Übungen auch ohne Clicker zu trainieren sind.

Der Clicker als positiver Marker

Der Clicker kann nur als **Trainingshilfsmittel** eingesetzt werden, wenn der Hund in einer Vorübung die Bedeutung des Click-Geräuschs gelernt hat. Diese Übung ist denkbar einfach: Clicken Sie und geben Sie dem Hund in einem relativ engen zeitlichen Zusammenhang, anfangs binnen einer Sekunde, später nach wenigen Sekunden, ein schmackhaftes Leckerchen. „Click" bedeutet so nach wenigen Wiederholungen für den Hund „ich bekomme ein Leckerchen". Mit dieser einfachen Verknüpfung können Sie Ihr Timing drastisch verbessern. Ab sofort müssen Sie bei allen Übungen, in denen Sie den Clicker einsetzen möchten, nur noch im richtigen Moment clicken. Das eigentliche Belohnungsleckerchen muss hingegen nicht mehr zwingend im exakten Moment verteilt werden. Durch diesen zeitlichen Zugewinn fällt es in vielen Übungen leichter, dem Hund das richtige Verhalten zu „verclickern". Sie müssen weder nah genug da, noch schnell genug mit dem Leckerchen parat sein, um den Hund in der Handlung wirkungsvoll schulen zu können. Einzig und alleine das Click müssen Sie im entsprechenden Moment der Bestleistung, also des auszuarbeitenden Übungsdetails, setzen. Die eigentliche Belohnung, also das Futterstückchen oder sein Spielzeug, bekommt der Hund dennoch. Sie haben es ihm mit dem Click fest versprochen! Im Gegensatz zum herkömmlichen Training müssen Sie die Belohnung aber nicht mehr detailgenau platzieren. Probieren Sie es einfach aus. Es ist tatsächlich wesentlich leichter, ein Geräusch im richtigen Moment einzusetzen, als ein Leckerchen!

Und: Sie können den Clicker nicht nur als Hilfsmittel für ein verbessertes

Timing einsetzen, Sie können auch bestimmte Methoden mit dem Clicker anwenden oder umsetzen:

- **Das Stärken von Spontanverhalten** – auch „Einfangen von Verhaltensdetails" genannt. In dieser Methode gilt es immer dann zu clicken, wenn der Hund „per Zufall" eine schöne Verhaltensweise zeigt, die man in Zukunft gerne häufiger von ihm sehen möchte. Dies können beispielsweise Handlungen wie das Gehen an lockerer Leine oder ein Blickkontakt zum Hundeführer sein. Bei diesen beiden Beispielen ist das Ziel nicht, die Übung auf Signal zu setzen. Der Hund soll sich bei seiner Handlung trotzdem besonders wohl fühlen, damit er sie später immer häufiger zeigt. Aber auch spezielle Eigenarten, die der Hund von sich aus zeigt, können so trainiert werden, um sie später auf Signal zu setzen. Ab Seite 144 sind einige Beispiele aufgeführt.
- **Das freie Formen**. Beim freien Formen verfährt man wie im Kinderspiel „heiß oder kalt". Jedes kleinste „heiße" Handlungsdetail wird angeclickt und wie immer nachfolgend belohnt, um dem Hund in kleinen Schritten eine neue Handlung beizubringen. Alle „kalten", also falschen Handlungsansätze werden ignoriert bzw. nicht angeclickt, womit die Information „falsch" in ausreichender Form vermittelt wird, da kein Click gleichbedeutend mit einem Misserfolg ist. Über diese Methode kann grundsätzlich alles trainiert werden, jedoch handelt es sich um eine anspruchsvolle Technik. Sie fordert vom Menschen eine **hohe Beobachtungsgabe** und setzt ein **sehr gutes Timing** in Bezug auf die kleinen Verhaltensänderungen auf dem Lernweg voraus. Der Hund braucht hingegen ein hohes Maß an Kreativität und freien Gedanken. Freies Formen kann Inhalt eines schönen Beschäftigungsprogramms sein, da es den Hund kopftechnisch extrem fordert.
- **Target-Training** ist die dritte Trainingstechnik, die mit dem Clicker besonders leicht umgesetzt werden kann. Das Target-Objekt (engl. Target = Ziel) wird in einer Vorübung in Bezug zu einem Körperteil des Hundes gesetzt. Über das Target-Objekt kann man in der eigentlichen Übung dem Hund dann sehr leicht vermitteln, auf welche Weise (also mit welchem Körperteil) er wo arbeiten soll.

Wenn Sie Clickertraining intensiver in die Ausbildung Ihres Hundes einbinden möchten, empfehle ich Ihnen die im Anhang aufgeführte Spezialliteratur zu diesem Thema, denn es gibt jede Menge Tricks und Kniffe, das Training stets noch ein wenig effektiver zu gestalten.

Ab wann kann man mit einem Hund arbeiten?

Streng gesehen beginnt die Hundeerziehung mit dem Moment, wenn Ihr Hund zum ersten Mal Ihr Haus betritt. Es gibt keinen Zeitpunkt, der als zu früh betrachtet werden kann, mit einem Hund bestimmte Übungen umzusetzen. Besonders aufnahmefähig

Egal, ob alt oder jung – beide wollen noch Neues lernen.

sind junge Hunde, die von der dritten bis zwölften Lebenswoche speziell gefördert wurden und viel erleben durften. Besonders interessiert und immer bereit, Neues zu erlernen, sind auch die Hunde, mit denen kontinuierlich gearbeitet wurde. Ältere Hunde und solche, die bisher nicht das Glück hatten, dass sich jemand intensiv um sie und ihre Belange kümmert und die dementsprechend nie gefordert wurden, lernen in der Regel etwas langsamer, aber auch sie sind mit freudigem Einsatz dabei. Passen Sie bei älteren Hunden die Aufgabenstellung an die Gesundheit und Konzentrationsfähigkeit Ihres Hundes an, um ihn nicht zu überfordern.

Wie lange und wann sollte man mit einem Hund arbeiten?

Zunächst müssen Sie sich darüber im Klaren sein, dass der Hund eine besonders feine Antenne dafür besitzt, in welcher Stimmung Sie sich befinden. Haben Sie sich gerade über irgendetwas geärgert, dann üben Sie lieber nicht mit dem Hund. Er würde unter Garantie Fehler machen und somit Ihren erneuten Zorn sowie seine Frustration heraufbeschwören. Am besten funktionieren Übungen mit dem Hund, wenn Sie sich in **gelöster Stimmung** befinden, **genügend Zeit** haben und sich außerdem die **Ziele nicht zu hoch** stecken, damit Sie später nicht enttäuscht sind. Auch der Hund sollte sich in gelöster Stimmung befinden, keinen übermäßigen Hunger haben und ausgeschlafen sein.

Nutzen Sie im Alltag freie Zeiten, um mit Ihrem Hund zu üben. Binden Sie ihn in eine Aktivität ein und verstärken Sie gute Mitarbeit mit einer Belohnung. Entlassen Sie ihn dann wieder in seine Freizeit. Sich an strikte Trainingszeiten zu halten, ist hingegen nicht zu empfehlen, weil Hunde situationsbezogen lernen. Von daher ist es sinnvoller, die Übungen für ihn zu etwas werden zu lassen, von dem er weiß, dass es jederzeit gefordert werden kann. Dasselbe gilt auch für das Umgebungsmuster. Wenn Sie immer an denselben Orten trainieren, hat der Hund später Probleme, die Übung woanders richtig umzusetzen.

Nutzen Sie auch den Spaziergang, um mit Ihrem Hund kleine Übungen umzusetzen. Er darf durchaus wissen, dass der Spaziergang zwar die Zeit ist, in der Sie sich ihm besonders widmen, dass er aber keinesfalls tun und lassen kann, was er will.

Wichtig
Als Anhaltspunkt kann gesagt werden, dass für einen ausgewachsenen Hund die Trainingszeiten von dreimal 20 Minuten pro Übungsblock (wobei es durchaus mehrere Übungsblocks geben darf, die über den Tag verteilt werden sollten) nicht überschritten werden sollten, es sei denn in einer Hundeschule, wo ein erfahrener Trainer darauf achtet, dass die Hunde zwischendurch Phasen zum Abschalten haben. Bei jüngeren Hunden empfiehlt sich die Hälfte der Zeit.

Welche Arten von Befehlen gibt es?

In der Hundeerziehung kann man verschiedene Arten von Befehlen unterscheiden:

- Bei **verbalen Befehlen** liegt der Vorteil darin, dass sie auch über verhältnismäßig große Distanzen noch gut zu erteilen sind.
- Noch einfacher ist es sogar, den Hund auf **visuelle Befehle**, also den Einsatz von Handbewegungen oder Körperstellungen zu trainieren, da Hunde auch untereinander hauptsächlich über Körpersprache kommunizieren. Auch in Bezug auf ihre menschlichen Rudelmitglieder sind Hunde Meister darin, die Körpersprache zu lesen. Visuelle Befehle sind für Hunde ebenfalls noch über weite Distanzen zu erkennen. Ihre Einsatzmöglichkeit wird allerdings dadurch begrenzt, dass man sie nur benutzen kann, wenn der Hund Blickkontakt zu seinem Besitzer aufgenommen hat. Um dies zu gewährleisten, kann man sie zusätzlich mit einem Signal, etwa einem Pfeifton koppeln. Für einige Kunststücke ist es sehr wirkungsvoll, auf verbale Befehle zu verzichten, weil dadurch der verblüffende Effekt wesentlich gesteigert wird (siehe S. 133). Selbstverständlich kann man visuelle und verbale Befehle miteinander kombinieren. Hierbei muss aber folgende Verknüpfungsreihenfolge eingehalten werden: erst das Sprachkommando, dann ggf. die Hilfestellung über das Sichtzeichen. Andernfalls konzentriert sich der Hund nur auf Ihre Körpersprache und „überhört“ das Wort.
- Eine weitere Möglichkeit, sich einem Hund mitzuteilen, ist über **neutrale Ton-Signale** gegeben. Als Signal kann man alles Mögliche, zum Beispiel Pfeiftöne oder Fingerschnipsen einsetzen. Man kann den Hund entweder darauf trainieren, auf ein Signal hin aufmerksam zu werden, sodass er auf das nachfolgende Kommando leichter reagiert, oder aber man setzt das Signal als Befehl ein.

Wie gibt man die Befehle?

Die Sprachbefehle müssen **deutlich** und **in immer gleicher Art** gesprochen werden, damit sie für den Hund auch als solche zu identifizieren sind. Sie müssen darauf achten, dass Sie für einen bestimmten Befehl stets den gleichen Tonfall verwenden, weil der Hund das Kommando inhaltlich nicht verstehen kann, sondern die Bedeutung über Verknüpfungen gelernt hat.

Bedenken Sie
Hunde prägen sich den Klang eines Wortes ein, nicht das Wort selbst.

Probieren Sie selbst aus, wie laut Sie Ihre Befehle sprechen müssen. Ist der Hund etwas weiter oder sehr weit weg, können Sie natürlich dazu übergehen, lauter zu sprechen. Aber Sie sollten sich immer vor Augen halten, dass Sie die Worte eben für einen Hund sprechen, der sehr viel besser hört als ein Mensch. Gehorcht der Hund ungenügend, liegt es in aller Regel nicht an der Lautstärke des Kommandos! Meist ist es ein deutliches Zeichen dafür, dass er entweder den Befehl noch gar nicht verstanden hat oder Sie ihn nicht ausreichend motivieren konnten, den Befehl auszuführen. Überdenken Sie in diesem Fall noch einmal den Trainingsaufbau und ändern Sie notfalls ein paar grundlegende Bedingungen in der Hund-Mensch-Beziehung.

Spielen Sie ein wenig mit den **Sinnesleistungen** Ihres Hundes. Besonders leise und subtil gegebene Befehle lassen den Hund aufmerksamer werden, denn er wird, um ein Lob einheimsen zu können, von selbst darauf achten, keinen der Befehle zu überhören.

Vorsicht ist beim ständigen **Wiederholen von Befehlen** geboten. Insbesondere, wenn diese nicht ausgeführt werden. Mit jeder Wiederholung unterstützen Sie vor allem beim Thema Rückruf den sogenannten **Kuhglockeneffekt**. Das heißt, mit Ihren Lauten, die der Hund eindeutig nicht als Befehl beachtet, scheinen Sie ihm – genau wie durch das Läuten einer um den Hals getragenen Kuhglocke – zu signalisieren, wo Sie sich befinden. Er wird also munter seinen Weg fortsetzen und nicht im Traum daran denken, zu Ihnen zurückzukommen! Er wird Sie allerdings umso schneller beachten, wenn Sie nicht rufen, denn dann fehlen ihm die ständigen Meldungen über Ihren Standort. Rufen Sie seltener, ist er seiner Sache längst nicht mehr so sicher und seine Sorge, Sie zu verlieren, wird ihn aufmerksam werden lassen.

In besonderen **Notsituationen**, beispielsweise wenn ein Auto naht oder der Hund im Begriff ist, etwas Verdorbenes zu fressen, ist es günstig, wenn er allzu laut gegebene Befehle nicht gewöhnt ist. Schreien Sie sich in solchen Situationen ruhig die Kehle aus dem Hals. Mit ein bisschen Glück wird Ihr Hund zu Tode erschrocken sein und von seiner augenblicklichen Aktion ablassen. Das ist allerdings nur dann wirkungsvoll, wenn es die Ausnahme bleibt!

Achten Sie bei der Wahl der Kommandos darauf, dass sie kurz und klar voneinander zu unterscheiden sind. Später kann ein Befehl auch eine

So ein zehn Wochen alter Welpe steckt voller Neugier. Wenn er viel erleben und entdecken darf, fördert das seine Lernwilligkeit.

Kette von einzelnen Befehlen und Wörtern mit einer bestimmten Bedeutung sein, etwa: „Die Leine, Apport". Wenn Ihr Hund immer einsatzbereit sein soll, gilt es, die Befehle nicht immer am gleichen Ort und zur gleichen Zeit zu geben. So etwas stumpft den Hund mit der Zeit ab, da er sich enorm schnell an bestimmte Abläufe gewöhnen kann. Diese Gewöhnungsgabe ist für uns aber gleichzeitig von großem Nutzen, denn bei der Einführung einer neuen Aufgabe hilft sie uns, dem Hund die Übung leicht und schnell verständlich zu machen.

Achten Sie darauf, nicht immer die gleichen Übungskombinationen vom Hund zu fordern, denn das wird ihm schnell langweilig. Wirken Sie einer unerwünschten Gewöhnung durch größtmögliche Variationen früh entgegen, sodass es nicht passiert, dass Ihr Hund zum Beispiel nach jeder „Sitz"-Übung ohne Befehl auch gleich „Platz" macht, nur weil Sie es so mehrfach von ihm verlangt haben.

Grundausbildung für einen Familienbegleithund

Den Hund zu erziehen ist eine Notwendigkeit, ohne die ein reibungsloses Zusammenleben zwischen Mensch und Hund nicht funktionieren kann. Auf lange Sicht gilt: Je mehr Kommandos und Übungen Sie mit Ihrem Hund erarbeiten, desto mehr Möglichkeiten stehen dem Hund offen, Ihre Anerkennung zu bekommen. Mit fortschreitendem Trainingsniveau kommt der Hund immer mehr auf seine Kosten, denn er wird gefordert und beschäftigt. Aber auch für Sie lohnt sich die Erziehung Ihres Hundes in vielfacher Hinsicht. Je mehr Aufgaben ihm vertraut sind, desto mehr Freude wird Ihr Hund Ihnen bereiten, weil es viel einfacher ist, einen wohlerzogenen Hund ins Leben einzubinden. Da Hunde Rudeltiere sind, lieben sie Gruppenaktivitäten in besonderer Weise und lassen sich deshalb leicht anleiten, Aufgaben zu übernehmen und Übungen zu absolvieren.

Grundgehorsam

Sie erreichen bei Hunden schon durch ein **Minimum an investierter Zeit und Mühe** ein **Maximum an Erfolg**, wenn Sie es richtig angehen und dabei stets darauf achten, auch den Bedürfnissen des Hundes gerecht zu werden.

Es gibt eine **Handvoll Befehle**, ohne die ein **reibungsloses Zusammenleben** von Mensch und Hund kaum möglich ist. Diese Befehle werden unter dem Begriff Grundgehorsam zusammengefasst. Im Prinzip gibt es keinen Grund, sie einem Hund nicht beizubringen. Ausflüchte wie der Hund sei zu klein, zu alt, zu stur oder zu urtümlich, spiegeln schiere Bequemlichkeit der Besitzer und die Tatsache wider, dass sie sich nicht genug Zeit nehmen, mit dem Hund zu üben und zu arbeiten. Meist rächt sich eine solche Einstellung später, wenn die Hunde unerwünschte Marotten entwickeln.

Wirklich jeder Hund kann Gehorsamsregeln lernen und auch wenn die Begeisterung von den weiter oben genannten Faktoren, beispielsweise der Aufzucht abhängt, springt für jeden Hund im gemeinsamen Training der Pluspunkt heraus, dass er sich **nicht langweilen** muss und eine **hundegerechte Beschäftigung** erfährt.

Einem Hund fällt das Ausführen von Befehlen natürlich nicht in die Wiege. Es bedarf schon einiger Mühe, bis er sie beherrscht, doch es ist in jedem Fall die Zeit wert, denn damit wird auch das Zusammenleben in der Mensch-Hund-Beziehung um vieles angenehmer.

Zum **Standardrepertoire**, also zum Grundgehorsam eines jeden Hundes sollten möglichst viele Befehle aus der Sparte der Unterordnung, also im Wesentlichen die **Befehle eines Begleithundes** gehören, weil gerade diese Befehle ein reibungsloses Zusammenleben gewährleisten. Es sind

Ein gemeinsamer Lauf dient der Zerstreuung und ist auch geeignet, um eine intensive Trainingssituation aufzulockern.

die Signale, die zur Begleithundprüfung verlangt werden: die **Leinenführigkeit** als Grundvoraussetzung, die Befehle „**Sitz**", „**Platz**", „**Hier**", „**Apport**", „**Bleib**", „**Aus**", „**Steh**", „**Fuß**", „**Voraus**" sowie das „**Auf-den-Platz**"-Schicken und Übungen wie das Verweigern der Aufnahme von Gegenständen und Essbarem, Gehen durch eine Menschenmenge, das Überwinden von Hürden, die Schussgleichgültigkeit und das **Abgewöhnen des Anspringens** bei der Begrüßung allgemein und speziell fremder Personen.

Wichtig
Diese einfachen und im Straßenverkehr oft lebensrettenden Befehle sollte und kann wirklich jeder Hund lernen, gleich welcher Rasse, welcher Größe, welchen Geschlechts oder Alters.

Diese Übungen werden vorgestellt und im Anschluss daran Tipps zur Generalisierung der Kommandos sowie die bei der Hundesportart Obedience gängigen Übungskombinationen mit Befehlen aus dem Grundgehorsam kurz gezeigt, die besonders dem fortgeschrittenen Team Abwechslung bieten und eine neue Herausforderung darstellen (siehe Seite 68ff.).

Für einen schnellen Erfolg bei der Ausbildung eines Hundes ist es erforderlich, sich vor dem Start einen möglichst genauen **Trainingsplan** zu überlegen. Die **Wahl der Methode** spielt hierbei ebenso eine wichtige Rolle, wie die **Wahl der Belohnungsform**, in welcher **Umgebung** die Übung gestartet wird, wo sie später gezeigt werden und mit welchen **Signalen** der Hund die Übung verknüpfen soll.

Bedenken Sie
In der Hundeerziehung läuft nichts nach Schema F oder Patentrezepten. Wählen Sie stets einen Weg kleiner Einzelschritte, denn so kommen Sie in aller Regel am schnellsten zum Ziel.

Inwieweit Sie meine Vorschläge einarbeiten oder eigene Ideen ausprobieren, bleibt Ihnen überlassen. Der eine Hund lernt es leichter auf diese Art, der andere leichter auf jene. Wichtig bei der Ausbildung ist, die **Lernbiologie** zu berücksichtigen. Lerninhalte, die über Erfolgserlebnisse vermittelt wurden, werden später stressfrei und freudig ausgeführt. Auf Druck, Strafen und einen stresserzeugenden Umgang mit den Hunden sollten Sie daher verzichten.

Die Voraussetzung für diese Grundausbildung ist vor allem eine enge **Vertrautheit** zu seinem Besitzer. Der Hund muss sich in seinem Heim gut eingelebt haben, er darf vor der Situation auf dem Übungsplatz keine Angst haben und muss auch an andere Hunde gewöhnt sein.

Für die Schulung von Grundgehorsam muss aber keineswegs immer in einer Hundeschule geübt werden. Der eigene Garten oder die Wohnung und natürlich die Spaziergangsstrecken reichen zum Lernen einer Übung aus. Die letztendlich angestrebte Beherrschung wird durch das Wiederholen in den verschiedensten Situationen vollends erreicht. Hierbei müssen Sie in der Trainingsphase 2 unbedingt darauf achten, dass Sie Zeit und Ort der Übungen flexibel gestalten.

In den folgenden Kapiteln setzt jeweils die Erklärung der Befehle an der Stelle ein, an der Sie und Ihr Hund die eben beschriebenen Voraussetzungen erfüllen. Stellen Sie sich auf Ihren Hund ein, üben Sie in kleinen Schritten und versuchen Sie nicht, etwas über das Knie zu brechen. Man kann zeitlich nicht festlegen, wann die Grundausbildung beginnt und wann sie endet. Arbeiten Sie sich mit Geduld von Befehl zu Befehl durch und schon wenige Tage nach dem Einzug des Hundes in sein neues Heim werden Sie Erfolge sehen können. Hunde lernen ausgesprochen schnell, wenn die Übung in ihrem Ansatz für sie logisch zu begreifen ist.

1 Leinenführigkeit

Auch für den Fall, dass Sie vielleicht auf dem Land wohnen oder Ihren Hund grundsätzlich ohne Leine laufen lassen und erziehen wollen – bringen Sie ihm trotzdem bei, ohne Zug an der Leine zu laufen, und zwar günstiger-

Ein leinenführiger Hund ist im Alltag sehr viel angenehmer als ein Hund, der permanent an der Leine zieht.

weise an der straßenabgewandten Seite oder links von Ihnen, wenn Sie hundesportliche Ambitionen haben. Bedenken Sie Folgendes:

- Erstens geraten Sie vielleicht irgendwann einmal in eine Situation, in der Sie oder eine andere Person den Hund **nur angeleint** mitnehmen können. Hat Ihr Hund nicht gelernt, ohne zu ziehen an der Leine zu gehen, werden Sie wie wild in der Gegend herumgerissen. Dies ist besonders gefährlich, wenn Personen mit dem Hund spazieren gehen, die ihm körperlich unterlegen sind.
- Zudem akzeptiert Ihr Hund die Leine umso schneller, je früher er gelernt hat, an der Leine zu laufen.

Legen Sie es nicht darauf an, Ihrem Hund die Leinenführigkeit erst beizubringen, wenn eine Notlage es erfordert. Es schadet ihm nicht, sich neben Ihnen an der Leine Ihrem Schritt anzupassen. Ebenso sinnvoll ist es, ihm ein ruhiges Gehen an einer Seite beizubringen. Sie verhindern so ein Chaos, das entsteht, wenn Sie beim Gehen plötzlich Passanten „fesseln", weil Ihr Hund Zickzack läuft, falls Sie Ihren Hund einmal mit in die Stadt nehmen.

Zwei Aspekte, die es zu bedenken gilt, sind das **Markieren** und das **Schnüffeln**. Besonders Rüden haben das Bedürfnis, häufiger zu markieren, was zum Beispiel beim Einkaufsbummel in der Stadt besonders für Hausbesitzer ein Stein des Anstoßes sein kann. Dass ein Hund markiert, ist ganz natürlich und ein vollständiges Verbot wäre unangebracht und unsinnig. Rüden setzen pro Harnabsatz weniger Urin ab als Hündinnen und urinieren deshalb öfter. Es ist wichtig, dass sie oft genug die Blase entleeren können, da es sonst zu Krankheiten kommen kann. Das heißt aber nicht, dass Sie sich von Ihrem Hund hin- und herziehen lassen müssen, damit er überall markieren kann. Sie als Boss im Team können es sich ohne Weiteres herausnehmen, den Hund mit „Pfui" daran zu hindern. Machen Sie ihm das von Anfang an klar, geben Sie ihm aber sowohl frei laufend als auch angeleint ausreichend Möglichkeit, an geeigneten Stellen seinen Bedürfnissen nachzukommen.

Jeder Hund muss schnüffeln, weil er dadurch wichtige „Hundeinformationen" erhält, die Sie ihm auf keinen Fall vorenthalten dürfen, damit er sich in seinem sozialen Umfeld normal entwickeln kann. Doch können Sie sich als Halter auch hier herausnehmen, zu bestimmen, wann, wo und wie lange geschnüffelt werden darf, während Sie mit ihm an der Leine gehen. Behalten Sie im Kopf, dass es zur Natur des Hundes gehört, überall dort stehen zu bleiben, wo es interessant ist. Geben Sie ihm also ausreichend Gelegenheit, die Hundeneuigkeiten zu lesen, aber vermitteln Sie ihm, dass er seinen Kopf nicht durchsetzen kann, auch wenn es noch so interessant ist. Wenn Sie schnell gehen, verleiten Sie Ihren Hund dazu, auch schnell mitzukommen. Belohnen Sie ihn mit einer attraktiven Belohnung, wenn er Ihrer Aufforderung Folge leistet und mit Ihnen weiterläuft, obwohl es beim Schnüffeln für ihn spannend war.

Tricksen Sie über Ihre **Ganggeschwindigkeit**. Gehen Sie langsam, darf ihr Hund schnüffeln, gehen Sie schnell, muss er schnell mitkommen, ohne sich von den vielen Gerüchen ablenken zu lassen. Auf ausgedehnten Spaziergängen muss der Hund natürlich ausgiebig Gelegenheit zum Schnüffeln und Markieren bekommen, sodass er, wenn er an der Straße oder in der Stadt kurzzeitig angeleint ist, diesen Grundbedürfnissen nicht mehr zwingend nachkommen muss.

Sind Sie gerade dabei, Ihrem Hund ein gesittetes Gehen an der Leine anzugewöhnen, bringen Sie ihm doch auch bei, beim Vorbeigehen an Pfählen oder Laternen stets die gleiche Seite zu wählen wie Sie (s. Übung 66: Hindernissen ausweichen).

Um dem Hund das ruhige Gehen an der Leine anzugewöhnen, gibt es verschiedene hundefreundliche Utensilien (z. B. Brustgeschirre oder Kopfhalfter). Stachelhalsbänder, Zugwürger ohne Stopp oder sogenannte Erziehungsgeschirre sind ungeeignet, da sie dem Hund Schmerzen zufügen. Ansonsten ist es Geschmacksache, die eine oder andere Halsband-, Halfter- oder Geschirr- und Leinenkombination zu wählen.

Tipp
Für das Training der Leinenführigkeit ist der Clicker ein ideales Hilfsmittel.

Die beste Übung gegen das Ziehen an der Leine ist, dem Hund zu vermitteln, wie angenehm es sich dicht neben Ihnen läuft. Hierfür brauchen Sie aber die entsprechenden **Motivationsmittel**. Leckerchen eignen sich für diese Übung besonders und stehen bei den meisten Hunden hoch im Kurs. Wenn Sie nicht mit dem Clicker arbeiten, halten Sie dem Hund die Belohnung vor die Nase, damit er sie wahrnimmt, und geben Sie ihm dann beim Laufen alle paar Schritte ein winziges Stückchen.

Bleiben Sie jedes Mal kurz stehen, wenn der Hund an der Leine zieht und loben sie ihn, sobald er sich Ihnen zuwendet und wieder näher zu Ihnen kommt. Gehen Sie dann langsam weiter. Zieht Ihr Hund nicht, loben Sie ihn leise und stecken ihm eine Belohnung zu. Geben Sie in dieser ersten Phase der Übung dem Hund keine Chance, wirklich an der Leine zu reißen. Gehen Sie langsam und halten Sie Ihren Hund möglichst in einer konzentrierten Spannung. Das verleitet den Hund, nicht so sehr zu ziehen. Machen Sie dem Hund in den folgenden Tagen klar, dass es besonders angenehm ist, nahe bei Ihnen zu gehen. Setzen Sie Ihr Lob immer gezielt ein, wenn sich der Hund in einem akzeptablen Abstand zu Ihnen befindet. Schenken Sie ihm keinerlei Beachtung, wenn er etwas weiter entfernt von Ihnen läuft und bleiben Sie wieder stehen, falls er erneut zieht.

Weiterem Ziehen an der Leine wirken Sie entgegen, indem Sie Ihren Hund dauernd beobachten. Bemerken Sie, dass er wieder loslegt, halten Sie an oder gehen in eine andere Richtung, variieren Sie Ihr Schritttempo und sorgen Sie so dafür, dass er aufmerksamer wird. Der Hund soll auf Sie achten und nicht blindlings in die Richtung streben, die ihn gerade interessiert. Wenn Sie mit dem Clicker arbeiten, kann die Leinenführigkeit besonders effektiv trainiert werden. Clicken Sie, wenn Ihr Hund (anfangs per Zufall) gerade ordentlich an der Leine läuft und stecken Sie ihm das ihm über das „Click" versprochene Belohnungshäppchen zu. Dehnen Sie, bevor Sie clicken, in der zweiten und dritten Trainingsphase nach und nach die Distanz aus, die der Hund ordentlich gelaufen sein soll. Auf diese Weise steigern Sie die Leistung.

Das Zickzacklaufen gewöhnen Sie ihm am besten ab, indem Sie ihm zunächst die Leine nicht lang genug lassen, sodass er nur auf einer Seite gehen kann. Später rufen Sie ihn mit den entsprechenden Worten „Fuß" oder „Hier ran" und einem eingängigen Sichtzeichen, etwa indem Sie sich auf den Oberschenkel der jeweils gewünschten Seite klopfen, zu sich heran. Belohnen Sie ihn, wenn er sich an der richtigen Seite, neben Ihnen einfindet.

Wollen Sie erreichen, dass Ihr Hund nur links geht, seien Sie immer konsequent, indem Sie sofort anhalten, wenn er an die rechte Seite kommt. Sie erleichtern es Ihrem Hund, wenn Sie an der rechten Seite, vorerst beispielsweise eine Tasche tragen, die Sie hin- und herschaukeln, sodass er auf dieser Seite keinen Platz mehr neben Ihnen hat. Trotz dieser schönen Konsequenz ist mein persönlicher Rat, dem Hund für den Alltag beide Seiten vertraut zu machen, denn dann können Sie Ihren Hund noch leichter lenken und führen (s. Übung 39: Grundstellungen „Hier ran" und „Fuß" und Übung 42: „Auf die Seite").

Eine besonders praktische und sinnvolle Trainingshilfe ist das **Kopfhalfter für Hunde**, insbesondere wenn die Hunde groß und kräftig oder sehr ungestüm sind. Für den Einsatz im Alltag, ist jedoch eine **Gewöhnungsphase** an das zunächst ungewohnte Tragen des Halfters nötig, bevor Sie den Hund mit dem Halfter führen können. Achten Sie darauf, dass die Übungen für den Hund einfach umzusetzen sind und er anfangs ausreichend häufig und möglichst von oben mit einer Belohnung versorgt wird, sodass er nicht auf die Idee kommt, sich das Halfterband mit der Pfote von der Nase zu streifen. Nehmen Sie Ihrem Hund in den Übungen das Halfter immer erst ab, wenn er sich brav verhält, sonst lernt er, dass Zappeln Erfolg hat. Ziehen Sie niemals ruckartig an der Leine, wenn der Hund das Halfter trägt. Das ist nicht notwendig und würde die Halswirbelsäule belasten.

Ist der Hund das Tragen des Hundehalfters gewöhnt, kann es eine gute Ergänzung sein.

Gewöhnung an ein Hundehalfter:

- Locken Sie den Hund mit einem Leckerchen, sodass er freiwillig seine Nase durch das von Ihnen aufgehaltene Halfter steckt. Wiederholen Sie diese Übung etliche Male, bis der Hund weiß, was er zu tun hat.
- Lenken Sie Ihren Hund nach oben mit einem Leckerchen ab, sodass Sie das Halfter loslassen können und es auf der Nase liegen bleibt. Üben Sie auch dies etliche Male.
- Schließen Sie dann nach dem Anziehen das Halfter hinter den Ohren und lenken Sie Ihren Hund wiederum gut ab. Nehmen Sie ihm das Band nach kurzer Zeit wieder ab.
- Klicken Sie nun ein Ende der Leine ans normale Halsband und das andere Ende der Leine an das Halfterband und wiederholen Sie die vorige Halfterübung mit dieser Veränderung.
- Gewöhnen Sie Ihren Hund nun an das Führen an der Leine, wenn er das Halfter trägt.
- Üben Sie Wendungen nach rechts und nach links, in denen der Hund über das Halfter gelenkt wird.
- Steigern Sie langsam die Zeit.

2 Anspringen

Das Anspringen bei der Begrüßung ist eigentlich eine ganz natürliche Sache und tief in der Natur der Hunde verwurzelt, da junge Welpen die „von der Jagd heimkehrenden" Alttiere anspringen und an die Mundwinkel stoßen, um sie anzubetteln, Ihnen Futter hervorzuwürgen. Bei Hunden untereinander hört diese Geste noch im Welpenalter auf, denn sobald die erwachsenen Tiere kein Futter mehr hervorwürgen, laufen die Welpen mit ihrer Handlung ins Leere und stellen sie ein. Anders ist es beim Menschen. Welpen, die an Menschen hochspringen ernten meist Zuwendung, sodass diese Handlung ihnen besonders attraktiv erscheint und bei jedem Üben weiter gefestigt wird. Da es eine lästige Sache ist und in der Öffentlichkeit schnell Ärger durch einen anspringenden Hund entstehen kann, sollte diese Handlung dem Hund rechtzeitig abgewöhnt werden. Dies gilt im Speziellen für das Anspringen fremder Personen, auch wenn dies schwieriger umzusetzen ist.

Wenn der Hund an Ihnen hochspringt, gewöhnen Sie ihm dies am erfolgreichsten durch konsequentes Ignorieren ab. Das bedeutet, der Hund wird nicht angeschaut, nicht angesprochen und nicht angefasst. Der Hund soll weder durch Worte noch durch Taten weggeschickt werden. Auf diese Weise handelt sich der Hund selbst den schlimmsten Misserfolg ein – denn statt Aufmerksamkeit zu bekommen, ist er leer ausgegangen.

Achtung
Obwohl es simpel klingt, ist es gar nicht einfach, einen Hund wirklich zu ignorieren. Bleiben Sie unbedingt hart, denn dann bringt diese Methode sehr schnell Erfolge.

Als Alternative zum Ignorieren können Sie ihm auch ein Ersatzverhalten beibringen. Kommt Ihr Hund bei der Begrüßung auf Sie zugeflitzt und will an Ihnen hochspringen, bremsen Sie ihn mit Wortsignal und Sichtzeichen „Sitz" (erhobener Zeigefinger; s. Übung 3) oder „Platz" (die gestreckte Hand weist auf den Boden; s. Übung 4) und begrüßen Sie ihn erst, wenn er die Übung „Sitz" oder „Platz" gemacht hat und in dieser Stellung verharrt. Belohnen Sie ihn dann in seiner Position. Lösen Sie die Übung mit dem Freizeitkommando auf und schenken Sie ihm keine weitere Beachtung, damit er sich schneller wieder beruhigen kann.

Das Anspringen von Spaziergängern gewöhnen Sie dem Hund am besten ab, indem Sie sich mit Bekannten vorher absprechen. Diese können dann an Ihrer Stelle entweder den Hund ignorieren oder ihn seine Ersatzhandlung ausführen lassen. Bei hartnäckigen Anspringern ist gelegentlich ein Spezialtraining erforderlich. Folgende Selbstkontrolle-Übung führt zu schönen Resultaten:

Sichern Sie den Hund, indem Sie mit dem Fuß auf die Leine steigen, sodass er nicht hochspringen kann, aber im Stehen auch nicht merkt, dass er eingeschränkt wird. Halten Sie ihm dann (außerhalb seiner Reichweite) eine attraktive Verleitung über die Nase. Sollte er versuchen zu springen, merkt er schnell, dass das nicht klappt. Passen Sie einen Moment ab, in dem er aktiv versucht, sich zu beherrschen, beispielsweise indem er sich hinsetzt, und belohnen Sie ihn in diesem Moment für sein beherrschtes, selbstkontrolliertes Verhalten. Geben Sie ihm bei diesen Durchläufen keine Hilfestellung über ein Signal! Er soll selbst herausfinden, was sich für ihn lohnt und was nicht. Üben Sie diese Übung mit dem fortgeschrittenen Hund auch mit fremden Personen und nach und nach mit immer weniger Kontrollmaßnahmen.

Bedenken Sie
Bei Begegnungen mit fremden Personen ist es einfacher, den Hund rechtzeitig zu rufen und zu konzentrieren oder sogar kurz an die Leine zu nehmen, um das Anspringen zu verhindern, als das Verhalten des Hundes auf Distanz zu kontrollieren. Mit diesem „Trick" kann der Hund nichts falsch machen.

In den ersten Trainingsphasen kommen Sie beim Anspringen von fremden Menschen aus Gründen der mangelnden Zuverlässigkeit, mit der der Hund auf Distanz zu kontrollieren ist, um die Leine als Hilfsmittel nicht herum. Später sollte ein dickes Lob von Ihrer Seite selbstverständlich sein, wenn Ihr Hund, wenn er gerade zum Sprung ansetzen will, auf Zuruf stehen bleibt oder auf den Befehl „Sitz" reagiert.

Achtung
Bedenken Sie, auch beim Einsatz der Leine kommt es dennoch für den Lernerfolg auf die Konzentration des Hundes an. Arbeiten Sie daran, den Blick Ihres Hundes in Ablenkungssituationen auf sich zu fixieren.

3 „Sitz"

„Sitz" ist einer der Befehle, die Sie am häufigsten geben werden. Ziel ist es, den Hund dazu zu bringen, dass er sich nach dem Befehl umgehend hinsetzt und dort so lange sitzen bleibt,

bis der Befehl wieder aufgehoben wird. Zum Erlernen des Befehls „Sitz", ist es ratsam, ihn zu bestimmten Anlässen zu verwenden, beispielsweise vor dem Anlegen des Halsbandes oder bevor Sie die Tür zum Spaziergang öffnen. Viele Hundebesitzer lassen den Hund auch an jedem Bordstein absitzen, um eine innere Barriere vor der Straße aufzubauen.

Eine länger andauernde „Sitz"-Stellung ist dem Hund meist weniger angenehm als die „Platz"-Stellung. Berücksichtigen Sie das, wenn Sie mit dem Hund üben. Die Aufhebung des Befehls sollte also verhältnismäßig bald erfolgen.

Besonders bei Welpen und Junghunden, aber auch bei erwachsenen Hunden, die gut auf eine Belohnung mit Leckerchen ansprechen, gibt es folgende sehr elegante Möglichkeit, ihnen den Befehl beizubringen. Dabei müssen Sie nicht mit Körperhilfen arbeiten. Es ist also keinesfalls notwendig, den Po des Hundes auf den Boden zu drücken, um zu erreichen, dass er sich hinsetzt:

- Wecken Sie das Interesse des Hundes, indem Sie ihn an einem Leckerchen schnüffeln lassen. Wenn Sie hierbei den Zeigefinger erhoben haben und das Leckerchen mit den restlichen Fingern umschließen, trainieren Sie ihn gleichzeitig auch auf ein Sichtzeichen.
- Führen Sie, sobald der Hund Interesse zeigt, die Hand mit dem Leckerchen langsam nach oben und leicht über den Kopf des Hundes, sodass er sich hinsetzt, weil es für ihn die bequemste Möglichkeit ist, Ihre Hand mit seinen Blicken oder der Nase noch zu verfolgen. Genau in diesem Moment sagen Sie das Lautzeichen „Sitz" und geben ihm das Leckerchen.

Schon nach wenigen Wiederholungen wird sich Ihr Hund beim Erkennen dieses Zeichens hinsetzen. Das Sprachkommando zu lernen, fällt dem Hund ein wenig schwerer. Achten Sie für einen sauberen Trainingsaufbau darauf, erst das Wort und danach das Sichtzeichen zu verwenden, dann kann der Hund seine Konzentration besser auf das Wort lenken. Üben Sie den Befehl „Sitz" nach und nach nicht nur in der frontalen Stellung (Vorsitzen), sondern auch an Ihrer Seite. Benutzen Sie hierfür unterschiedliche Sichtzeichen, denn dann kann der Hund diese Übungen gut voneinander unterscheiden.

Lassen Sie Ihren Hund, nachdem er schon weiß, was der Befehl bedeutet, in den verschiedensten Situationen immer wieder einmal „Sitz" machen. Erschweren Sie nach und nach die Übung, beispielsweise indem Sie ihn durch das Knistern mit einer Leckerchentüte Verleitungen einbauen.

Mit dem fortgeschrittenen Hund sollte das Kommando auch in der Entfernung trainiert werden. Hierzu gibt es folgende Vorübung: Schaffen Sie eine Barriere zwischen sich und dem Hund oder nutzen Sie

Die Übung „Sitz" erlernen die meisten Hunde sehr schnell. Als Sichtzeichen eignet sich der erhobene Zeigefinger.

einen Zaun. Geben Sie dann, über diese Barriere hinweg, den Befehl „Sitz" und belohnen Sie den Hund sofort, wenn er ihn brav ausführt. Mit dem Clicker fällt es in diesem Fall besonders leicht, ein gutes Timing einzuhalten. Arbeiten Sie hier ruhig mit der Kombination von Wort und dem Sichtzeichen. Steigern Sie nach und nach die Entfernung zum Hund. Die Barriere dient dazu, Fehler zu verhindern, denn viele Hunde haben die Tendenz „aufzurutschen", um dann bei Ihnen „Sitz" zu machen.

4 „Platz" und „Leg dich"

Bei dieser Übung werden zwei verschiedene Formen der Ausführung unterschieden: Einmal soll der Hund in der Sphinx-Stellung verharren, bei der zweiten Variante kann er die ihm angenehmste Stellung wählen. Die erstgenannte Form wird zum weiteren Textverständnis mit dem Befehl „Platz" bezeichnet, die zweite mit „Leg dich".

„Platz" ist die Stellung, die zum hundesportlichen Training die empfehlenswertere ist. Der Hund soll in der speziellen Haltung am Platz verharren und auf weitere Befehle warten. Er ist in der Lage, aus dieser Position schnell zu starten. Außerdem bleibt er aufmerksam für neue Befehle, wenn er erst gelernt hat, den Befehl als Übergang oder als Zwischenstufe innerhalb einer Trainingseinheit zu erkennen.

Die Bedeutung von **„Leg dich"** ist im Gegensatz zu „Platz" etwas weniger konkret. Der Hund muss zwar liegen, kann aber die ihm angenehmste Stellung selbst wählen. Verwenden Sie diesen Befehl, wenn der Hund längere Zeit liegen soll, beispielsweise in einem Restaurant oder bei ähnlichen Anlässen. Schenken Sie Ihrem Hund keinerlei Aufmerksamkeit, wenn er während dieser Übung Albernheiten ausprobiert.

Die einfachste Möglichkeit dem Hund das „Leg dich"-Kommando beizubringen, ist folgende: Begeistern Sie Ihren Hund für ein Leckerchen, indem Sie ihm ein besonders schmackhaftes Häppchen direkt an die Nase halten und ihn daran schnüffeln lassen. Führen Sie dann Ihre Hand mit dem Leckerchen langsam, aber in einer fließenden Bewegung auf den Boden und halten Sie es dort fest. Der Hund darf und sollte daran schnüffeln und versuchen, an das Leckerchen zu kommen. Er bekommt es sofort, sobald er sich in seinem Bemühen das Leckerchen zu ergattern, per Zufall hinlegt. Die meisten Hunde versuchen erst, durch Grabebewegungen oder Hinsetzen zum Erfolge zu kommen. Unterbrechen Sie Ihren Hund nicht. Er soll selbst herausfinden, welche Handlung zum Erfolg führt. Solange der Hund nicht das Interesse an dem Leckerchen verliert, wird die Übung auf jeden Fall gelingen. Sie brauchen nur ausreichend Geduld!

Größere Hunde legen sich meist etwas schneller hin als kleine, denn den großen ist es zu unbequem, so lange vorne übergebeugt zu stehen. Ziehen Sie in dieser Übung Ihre Hand nicht weg, um dem Hund vielleicht mehr Platz zu geben, denn die meisten Hunde laufen dann dem Leckerchen hinterher und vergessen, sich auf die Übung zu konzentrieren. Als **Sichtzeichen** können Sie die gestreckte, nach unten offene Hand verwenden, sodass Sie den Hund später, auch noch in einiger Entfernung, in die Liege-Position dirigieren können.

Eine indirekte Trainingsmethode wäre es, spontanes Verhalten zu verstärken. Ein besonders gutes Timing ist auch hier mit dem Clicker problemlos einzuhalten. Hierzu müssen Sie Ihren Hund gut beobachten und schnell mit der Belohnung parat sein. Bei Hunden, die sich nicht so leicht in die Liegeposition locken lassen, kann dies ein möglicher Ansatz sein. Meist hilft es auch bei diesen Hunden, die Übung in einem Moment anzusetzen, in dem der Hund sowieso freiwillig liegen würde, beispielsweise nach einem ausgedehnten Spaziergang, auf seinem Lieblingsliegeplatz oder einem

Erst nach geduldigem Training bleibt der Hund beim Befehl „Platz!" auch dann ruhig liegen, wenn Sie sich von ihm entfernen. Als Sichtzeichen eignet sich hier die flach ausgestreckte Hand.

Untergrund, der dem Hund angenehm und vertraut ist (z. B. ein Handtuch oder ein Kissen).

Wenn der Hund die Handlung selbst schon gelernt hat, geht es um etwas mehr Zuverlässigkeit. Beginnen Sie damit, diesen Befehl nun an seinem Platz zu verwenden, weil es dem Hund dort besonders leicht fällt, eine Weile liegen zu bleiben. Schicken Sie ihn in seinen Korb oder auf seine Decke, indem Sie „Leg dich" sagen und eine Hinlege-Hilfe, beispielsweise das Zeigen auf den Boden, dazunehmen. Es reicht für den Anfang, wenn der Hund etwa eine halbe Minute auf seiner Decke oder seinem Platz liegt.

Variieren Sie die Orte, denn dieser Befehl ist nicht gleichbedeutend mit „Auf den Platz". Lassen Sie ihm die Freiheit, sich einzurollen oder sich in eine andere bequeme Lage zu bringen. Verlängern Sie nach und nach die Zeiten, die der Hund in dieser Position bleiben soll. Im Laufe der Zeit wird der Befehl für den Hund die Bedeutung bekommen, etwas länger warten zu müssen oder sogar kurzzeitig abschalten zu können. Machen Sie sich dies im Alltag zunutze, ohne den Hund zu frustrieren und ohne dass er das Gefühl bekommt, abgeschoben zu werden.

Verlässt Ihr Hund während der Lernphase immer wieder den von Ihnen angewiesenen Platz, leinen Sie ihn entweder an, um das Üben des Fehlers zu verhindern oder bringen Sie ihm parallel dazu den Befehl „Bleib" bei (Übung 9).

Die **Übung „Platz"** ist im Aufbau dem „Leg dich" sehr ähnlich, jedoch gilt es hier zunächst ohne Einsatz des Kommandowortes, den Hund in der entsprechenden Haltung so zu schulen, dass er in der Sphinx-Position landet und nicht etwa mit der Hüfte seitlich kippt. Führen Sie das Kommandowort erst ein, wenn Sie sicher sind, dass der Hund die Haltung wirklich gut beherrscht. Mit dem Clicker fällt es auch hier besonders leicht, das Detail der besonderen Haltung zu markieren und nachfolgend zu belohnen.

Für beide Kommandos gilt: In der zweiten Phase, in der der Hund den Befehl schon gelernt hat, sollten Sie dazu übergehen, diesen zu festigen. Beginnen können Sie, indem Sie um den Hund herumgehen. Später auch mit anderen Ablenkungen in der Umgebung. Entfernen Sie sich einen Meter oder zwei, hüpfen Sie ein wenig auf und ab oder klatschen Sie in die Hände. Vorsicht beim Über-den-Hund-Steigen; dies ist etwas für den fortgeschrittenen Hund. Er könnte das Vertrauen zu dieser Stellung verlieren, falls Sie ihn aus Versehen berühren. Sollte Ihr Hund bei diesen Ablenkungen aufstehen und die Übung abbrechen, sollten Sie einfach noch einmal von vorne anfangen und eine leichtere Ablenkung wählen, um das Vertrauen zu stärken.

Achtung
Reagiert Ihr Hund wiederholt fehlerhaft bei dieser Übung, kann es sein, dass Ihre Ablenkungen für den augenblicklichen Trainingsstand noch zu stark gewählt wurden. Es kann auch sein, dass er noch nicht über die nötige Konzentration verfügt, um so lange in dieser Stellung zu verharren, wie Sie es von ihm verlangen. In beiden Fällen sollten Sie in der Übung einen Schritt zurückgehen. Wählen Sie die Ablenkungen weniger markant und verkürzen Sie die Zeit, in der Ihr Hund liegen bleiben soll, um die Übung stets erfolgreich zu beenden.

Bei der „Platz"-Übung sind Ihrer Phantasie keine Grenzen gesetzt, was Kombinationen mit anderen Übungen anbetrifft. Variieren Sie den Befehl nach Lust und Laune, achten Sie aber stets auf korrekte Ausführung und gehen Sie in Ihren Trainingsschritten noch einmal zurück, falls der Hund beginnt, in der Ausführung nachlässig zu werden.

5 „Steh"

„Steh" ist ein Positionskommando, das der Hund entweder aus dem Sitzen, Liegen oder aus der Bewegung

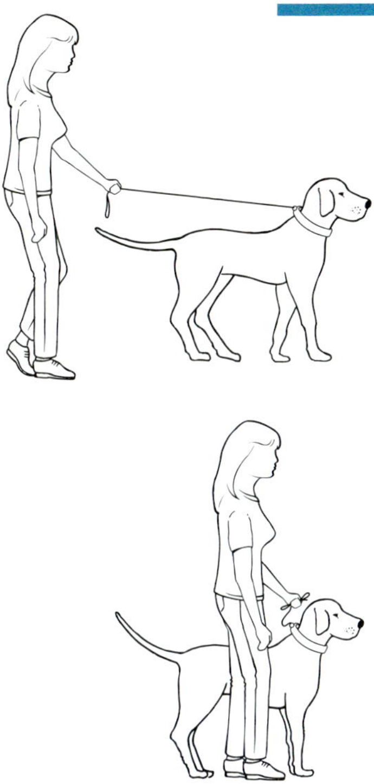

Beim Kommando „Steh" soll der Hund sofort stehenbleiben.

heraus, ausführen kann. Für Letzteres kann gegebenenfalls auch ein eigenständiges Kommando wie „Stopp" gewählt werden. Auch wenn Sie „Steh" im Alltag nicht so häufig einsetzen werden wie die Kommandos „Sitz", „Platz" oder „Leg dich", ist es dennoch sehr nützlich, beispielsweise bei der Umsetzung von Körperpflegemaßnahmen oder bei einem Besuch beim Tierarzt. Üben Sie dieses Kommando für beide Situationen zu Hause hin und wieder einmal auch auf einem Tisch, um dem Hund dieses Bild etwas vertrauter zu machen. Ein spontanes Absitzen können Sie, wenn der Hund erhöht steht, sehr leicht verhindern, indem Sie ihm die nach oben zeigenden gespreizten Finger unter den Bauch halten. Belohnen Sie ihn, wenn er ruhig steht.

Den Hund aus dem Sitzen oder Liegen in die „Steh"-Position zu bringen, ist besonders einfach: Halten Sie ihm ein Leckerchen so hin, dass er aufstehen muss, um es erreichen zu können. Sagen Sie genau in dem Moment „Steh", wenn er aufsteht. Halten Sie seine Belohnung einen kurzen Moment lang fest, sodass der Hund ruhig davorsteht und geben Sie ihm dann erst die Belohnung. Lösen Sie sofort danach die Übung auf. Achten Sie darauf, das Leckerchen so zu präsentieren, dass er wirklich nur aufsteht und nach Möglichkeit keinen einzigen Schritt läuft. Hier ist meist ein wenig Ausprobieren gefordert, bevor es klappt. Mit dem Clicker kann die Leistung besonders effektiv markiert werden.

In der zweiten Übungsphase gilt es, die Hilfe mit der gezeigten Belohnung immer mehr abzubauen. Hilfreich ist, wenn Sie als Sichtzeichen für „Steh" eine ähnliche Handbewegung wählen, wie die, wenn Sie den Hund mit Leckerchen zum Aufstehen verleiten.

„Steh" aus der Bewegung ist etwas schwieriger zu vermitteln. Üben Sie deshalb zunächst mit der Leine. Laufen Sie mit Ihrem angeleinten Hund und halten Sie plötzlich mit dem Kommando „Steh" an. Belohnen Sie Ihren Hund sofort, wenn er einen kurzen Moment ruhig stehen bleibt. Auch hier leistet der Clicker die besten Dienste. Sinnvoll ist es, die Leine so zu halten, dass der Hund nur wenige Zentimeter Leinenspielraum hat. Dadurch erreichen Sie, dass er möglichst direkt, nachdem Sie das Kommando gegeben haben, auch wirklich anhält.

Üben Sie im zweiten Schritt, dass Ihr Hund prompt auf Ihr Kommando „Steh!" reagiert, auch wenn Sie selbst nicht anhalten. Besonders leicht kann der Hund die Verknüpfung herstellen, wenn Sie in dieser Übung etwas hinter dem Hund gehen. Sie sagen „Steh" und geben dem Hund weiterhin keinen Leinenspielraum nach vorne, sodass er anhalten muss. Rücken Sie nun die paar Schritte zum Hund auf, um ihn zu belohnen. Diese Lernphase ist erst abgeschlossen, wenn der Hund immer sofort auf Ihren Zuruf stehen bleibt.

Üben Sie dann mit dem frei laufenden Hund. Wählen Sie die Übungsmomente zu Beginn so aus, dass Sie eine möglichst hohe Sicherheit haben, dass der Hund die Übung brav befolgen wird. Achten Sie darauf, dass der Hund nicht gleich weiterläuft, wenn Sie bei ihm angekommen sind und ihn gelobt haben, sondern erst, wenn er von Ihnen dazu aufgefordert wurde. Die Übung wird schwieriger, je schneller und zielstrebiger der Hund auf eine Sache zugeht. Steigern Sie also langsam auch hier die Schwierigkeit, indem Sie zunächst günstige Situationen abpassen und sich erst später schwierigen Situationen stellen. Unerwünscht ist, wenn der Hund bei dem Kommando „Steh" zu Ihnen kommt. Greifen Sie notfalls mit der Korrektur „Steh" oder „Bleib" ein.

6 „Hier"

Auf den Befehl „Hier" muss der Hund unverzüglich und auf dem schnellsten Wege zu Ihnen kommen. Er soll also nicht trödeln oder sich ablenken lassen.

Für Hunde, die Probleme mit dem Rückruf haben oder bei solchen, die zum Beispiel nach einer Übernahme aus anderer Hand noch keine so enge Bindung zum Besitzer haben, kann die Übung „Hier" aus Sicherheitsgründen zunächst an einer langen Leine geübt werden. Diese sogenannte Schleppleine sollte allerdings nicht dazu verwendet werden, dass man den Hund damit einholt. Sie dient lediglich dazu, ihn am Weglaufen zu hindern. Je weniger der Hund das Gefühl bekommt angeleint zu sein und je weniger Hilfen beim Trainingsaufbau mit der Leine umgesetzt werden, desto schneller ist das Ziel erreicht, ihn auch ganz ohne Leine laufen lassen zu können. Für alle anderen Hunde ist bei entsprechendem Übungsaufbau die Schleppleine als Hilfsmittel nicht erforderlich. Loben Sie den mit Schleppleine gesicherten oder frei laufenden Hund stets überschwänglich, wenn er zu Ihnen kommt. Wichtig ist es hierbei, sein zunächst völlig zufälliges oder freiwilliges Kommen mit dem Lautzeichen „Hier" zu verbinden. Erst wenn der Hund auch unangeleint prompt nach dem erteilten Befehl zu Ihnen eilt, hat er die Verbindung zwischen Lautzeichen, Aktion und Lob hergestellt. Dies ist das Trainingsziel. Setzen Sie das Signal also mit Bedacht ein, denn anfangs konkurrieren Umweltablenkungen mit der Wichtigkeit, den Befehl auszuführen. Setzen Sie das Signal bewusst ein. Ein Beispiel: Wenn es Ihnen nichts ausmacht, dass Ihr Hund irgendwo schnüffelt und Sie ihn gewähren lassen wollen, geben Sie den Befehl erst später. Um zu erreichen, dass der Hund möglichst sofort kommt, wenn Sie ihn rufen, sollten Sie ihn entsprechend hoch mit Leckerchen oder Spielzeug dazu motivieren. Dem Rückrufkommando sollten Sie im Aufbau besondere Aufmerksamkeit zukommen lassen, denn es ist besonders wichtig (s. Seite 50). Bieten Sie Ihrem Hund den größten Spaß immer bei sich und mit Ihnen, wenn er zurückgekommen ist. Vermeiden Sie hierbei körperliche Drohgesten und zaubern Sie bei dieser Übung immer wieder ganz besonders attraktive Belohnungen hervor.

Auch wenn es auf Außenstehende ein wenig bizarr wirken mag, sollten Sie sich stets bewusst machen, dass der Anreiz, auf Befehl hin zu Ihnen zu kommen, für den Hund umso größer ist, je ungewohnter Ihre Körperhaltung ist. Vielen Hunden fällt es leichter zu kommen, wenn man sich in der Hocke befindet, möglicherweise weil man dann kleiner und weniger bedrohlich wirkt oder weil es den Eindruck erweckt, man sei weiter weg. Probieren Sie aus, auf was Ihr Hund am besten reagiert. Führt auch das noch nicht dazu, dass Ihr Hund kommt, lassen Sie sich ruhig auch einmal aus der Hocke heraus auf den Boden fallen, um den Anreiz noch zu verstärken.

Natürlich liegt es in Ihrem Ermessen, den Hund nach bravem Herbei-

Ein hilfreicher Trick beim Einüben des Befehls „Hier": Wenn Sie in die Hocke gehen oder sich auf den Boden legen, wird Ihr Hund neugierig herankommen.

kommen sofort weiterlaufen zu lassen, eine Übung einzulegen oder ihn beispielsweise anzuleinen. Besonders wenn Sie nach dem Rückruf spannende Dinge mit dem Hund unternehmen oder ihn tatsächlich wieder ins Spiel oder seine Freizeit entlassen, fällt es ihm leicht, den Befehl auszuführen, da es eher eine Freude als eine Last darstellt.

Für das zuverlässige Erlernen des Befehls „Hier“ ist es außerdem hilfreich, wenn Sie ihn zunächst immer erst einmal kurz direkt vor Ihnen absitzen lassen, um ihn dann mit seinem Freizeitzeichen wieder loslaufen zu lassen (s. Übung 34: „Lauf“). Eigenständig davonlaufen sollte Ihr Hund nicht. So verhindern Sie eine schlampige Ausführung dieses Befehls. Auch bei dieser Übung sind ablenkungsfreie Situationen, gerade in der ersten Phase der Übung, schwierigeren vorzuziehen.

Wenn Sie zu zweit oder zu mehreren Personen mit dem Hund unterwegs sind und „Hier“ üben wollen, ist folgende Übung für einen Anfänger-Hund besonders geeignet: Eine Person hält den Hund gut fest. Eine weitere Person lässt ihn an einem Leckerchen schnüffeln und rennt dann, für den Vierbeiner sichtbar, mit dem Leckerchen weg. Nach einer zunächst relativ kurzen Strecke (für den Anfang etwa 15 m), dreht sich die zweite Person um und ruft „Hier“. Die erste Person sollte den Hund nun sofort loslassen. In aller Regel kommen die Hunde herangeschossen wie geölte Blitze, denn sie erwarten das Leckerchen, das man ihnen zuvor in Aussicht gestellt hatte. Selbstverständlich wird der Hund auch mit dem Leckerchen belohnt! Für einen fortgeschrittenen Hund kann man den Übungsanspruch steigern, indem man sich versteckt.

Falls Ihr Hund ständig trödelt oder den Befehl sogar ignoriert, können folgende Maßnahmen helfen: Laufen Sie schnell in die entgegengesetzte Richtung fort, rufen Sie aber immer nur einmal, um nicht den Kuhglockeneffekt (s. S. 33) zu bewirken. Das Resultat wäre dann nämlich, dass Ihr Hund seelenruhig weitertrottet und schnüffelt. Sie können sich auch verstecken – der Hund wird sofort versuchen, Sie wiederzufinden. Für beide Fälle – Weglaufen und Verstecken – gilt gleichermaßen, den Hund für sein Kommen kräftig zu loben, auch wenn Sie eigentlich ärgerlich sind, weil er so lange gebraucht hat.

Gelegentliches Verstecken und das einmalige Rufen fördern die Aufmerksamkeit Ihres Hundes in Bezug auf Sie ganz besonders. Wenn Sie beides praktizieren, wird auch ein (noch) unerfahrener Hund dazu übergehen, immer wieder einmal stehen zu bleiben und nach Ihnen zu schauen oder aber auf seinen Schnüffelwegen gelegentlich bei Ihnen vorbeizukommen. Loben Sie ihn dann immer. In einem intakten Team hat der Hund auf dem Spaziergang zwar Freizeit zum Toben mit anderen Hunden, zum Schnüffeln, Trödeln und Spielen, ist aber trotzdem stets einsatzbereit für Befehle. Er signalisiert dies im Normalfall durch sein oben beschriebenes Verhalten.

Steigern Sie in der Übung langsam den Schwierigkeitsgrad. Besonders schwer fällt es einem Hund, mitten aus dem Spiel mit anderen Hunden heraus zu kommen. Üben Sie in fortgeschrittenen Trainingsdurchläufen auch dies, lassen Sie ihm aber trotzdem genug Zeit, seinen sozialen Kontakten und dem Spiel nachzugehen.

7 „Fuß"

Der Befehl „Fuß" birgt den entscheidenden Vorteil, dass der Hund, wenn er ihn beherrscht, beispielsweise auch im Menschengetümmel nicht verloren geht. Auch sonst erleichtert er die Mensch-Hund-Beziehung im Alltag erheblich.

Wenn Sie das „Fuß"-Laufen aus der Bewegung üben wollen, sollten Sie einen geeigneten Moment abpassen, in dem Ihr Hund weder zu müde noch in wilder Spiellaune ist. Leinen Sie ihn an, lassen Sie ihn neben sich absitzen und gehen Sie mit dem Befehl „Fuß" los. Am besten starten Sie mit dem linken Fuß, wenn Sie den Hund links führen, das ist anfangs für den Hund einfacher. Der Kopf des Hundes sollte stets auf Kniehöhe sein, nicht weiter davor, aber der Hund darf auch nicht trödeln. Um genau dies zu erreichen, setzt man am Anfang auch in dieser Übung Leckerchen oder Spielzeug ein. Halten Sie dem Hund in den ersten Übungen seine Belohnung ruhig direkt vor die Nase und sich selbst ans Bein, denn dort soll sein Kopf auch in Zukunft bei dieser Übung sein. Wenn er dem Leckerchen bereits willig folgt, kommt die eigentliche Verknüpfung mit dem Kommando. Ziehen Sie kurz das Leckerchen dicht an Ihrem Körper hoch, sodass der Hund seinen Blick hebt und geben Sie genau dann das Kommando „Fuß".

Beim Befehl „Fuß" soll sich Ihr Hund etwa mit seiner Schulter dicht an Ihrem linken Bein befinden.

Bedenken Sie
Das Kommando „Fuß" sollte der Hund zunächst nicht als Korrektur, sondern nur in Momenten bekommen, wenn er alles richtig macht. Belohnen Sie den Hund anfangs schon, wenn er ein oder zwei Schritte perfekt, also an Ihrer Seite und im Idealfall mit Blickkontakt auf Sie gerichtet, „Fuß" gelaufen ist. Bleiben Sie stehen, wenn er zu weit nach vorne läuft.

Kombinieren Sie die Übung „Fuß" mit der Grundstellung. Dann hat der Hund immer die gleiche Ausgangsposition für das „Fuß"-laufen, das eine sehr konzentrationsintensive Aufgabe für den Hund ist.

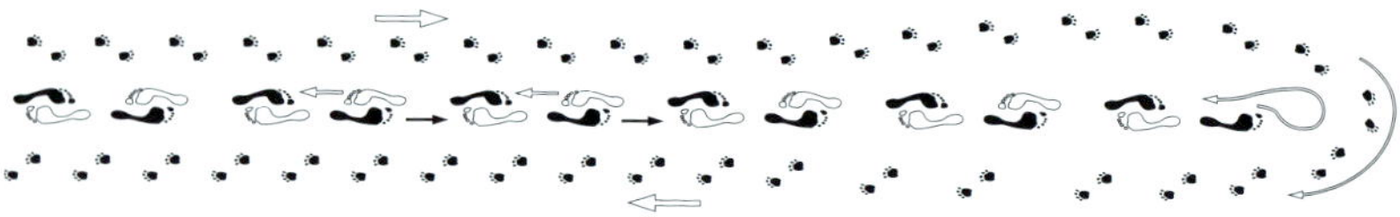

Bei der Wendung um 180° muss Ihr Hund um Sie herumgehen, damit er immer an Ihrer linken Seite bei Fuß bleibt.

Tipp
Auch für das Sitzen in der Grundstellung an Ihrer linken Seite kann der Befehl „Fuß" etabliert werden, denn diese beiden Übungen bieten dem Hund jeweils dasselbe Raumbild. In beiden Fällen ist er eng und parallel am Bein neben dem Hundeführer ausgerichtet und schaut ihn konzentriert an.

Festigen Sie den Bezug zu Ihrer linken Seite immer weiter unter dem Kommando „Fuß". Lassen Sie den Hund, wenn er einmal zu weit vorgelaufen war, noch einmal neu starten, statt das Kommando in einer zu frühen Lernphase als Korrektur zu benutzen. Belohnen Sie Ihren Hund überschwänglich, wenn er sich, bei Bedarf unter Einsatz eines kleinen Sichtzeichens, auf den Befehl „Fuß" hin direkt an Ihre linke Seite setzt. Besonders leicht fällt dem Hund das Einfinden in der Grundstellung, wenn er von vorne oder seitlich kommend von rechts nach links hinter Ihrem Rücken um Sie herumgeht.

Bringen Sie Abwechslung in die „Fuß"-Übung, indem Sie Wendungen ins Training einfügen. Achten Sie auf besonders gute Konzentration des Hundes bei Linkswendungen um 90°, um Zusammenstöße im Vorfeld zu vermeiden. Manch einem Hund fallen die Rechtswendungen sogar schwerer. Erinnern Sie ihn auch hier rechtzeitig mit „Fuß" daran, was zu tun ist, damit er nichts falsch machen kann.

Die sportliche „Fuß"-Wendung um 180° ist die anspruchsvollste. Gehen Sie geradeaus und halten Sie dabei die Leine locker in der rechten Hand. Bei der Wendung (Sie drehen sich links herum) wechseln Sie die Leine hinter dem Rücken kurz in die linke und nach der Drehung wieder in die rechte Hand. Der Hund dreht sich hinter Ihnen rechts herum. Gehen Sie nun in einem Fluss ein kurzes Stück geradeaus und unterbrechen Sie dann, indem Sie stehen bleiben und den Hund absitzen lassen.

Später können Sie zur Festigung die Wendungen in beliebiger Reihenfolge und nach beliebig langen Strecken variieren, ebenso Ihr Schritttempo. Beherrscht Ihr Hund diese Übung an der Leine, gehen Sie zur Freifolge über, bei der Sie ähnlich verfahren. Hilfen gibt man auch hier verbal oder durch Klopfen auf den Oberschenkel.

Das Bei-Fuß-Sitzen sollte nach und nach dahingehend verbessert werden, dass der Hund möglichst nah an Ihrem Bein sitzt (s. Übung 39: Grundstellungen „Hier ran" und „Fuß").

Tipp für Clickerteams: „Fuß"-Laufen als Target-Übung
Lassen Sie Ihr Bein das Zielobjekt dieser Target-Übung sein. Ihr Hund soll es stehend oder sitzend mit seiner Schulter berühren. Üben Sie dies frei geformt in kleinen Einzelschritten, bis Ihr Hund verstanden hat, um was es geht. Achten Sie als Feinschliff nicht nur auf die Berührung an Ihrem Bein, sondern auch auf eine parallele Körperausrichtung Ihres Hundes sowie auf den Blickkontakt zu Ihnen. Setzen Sie die Übung, wenn Sie mit allen Details zufrieden sind, auf Signal. Jetzt erst geht es an die Bewegung in der Übung. Sie werden sehen, dass es Ihrem Hund nun besonders leicht fällt, bei „Fuß" zu bleiben, denn er weiß nun ganz genau, was „Fuß" im Detail für Sie bedeutet.

8 „Aus"

Auf den Befehl „Aus" hin muss der Hund alles, was er im Fang hält, sofort freigeben. Das kann ein Gegenstand beim Spiel oder bei der Apport-Übung sein oder irgendetwas, das er gerade frisst oder trägt.

„Aus" ist für den Hund zunächst ein Kommando, das wenig Freude bereitet, denn er kann leicht das Gefühl bekommen, etwas Wertvolles zu verlieren. Üben Sie „Aus" deshalb zunächst als Tauschgeschäft. Geben Sie dem Hund, wenn Sie ihm mit „Aus" etwas nehmen, etwas anderes Leckereres oder Wertvolleres, beispielsweise sein Lieblingsspielzeug, damit er das Gefühl bekommt, dass ihm nichts genommen, sondern etwas gegeben wird. Mit einiger Übung sollte der Hund im Idealfall bei „Aus" die Sachen ausspucken oder sich problemlos abnehmen lassen. Ziehspiele seitens des Hundes sind hier nicht erlaubt! Wollen Sie Ihrem Hund, etwa zu Prüfungszwecken, eine saubere Apport-Übung beibringen, darf der Hund das Bringsel erst auf Befehl loslassen, auch wenn Sie es schon angefasst haben oder sogar daran ziehen. Dies ist ein Detail, das mit dem Clicker besonders gut ausgearbeitet werden kann.

Bei einem Begleithund empfiehlt es sich, von Anfang an auf schnelles Ausgeben zu achten.

Wenn Ihr Hund Sie anknurrt, wenn er etwas hat, das er nicht hergeben will, reagiert er zwar unerwünscht, aber dennoch hundetypisch. Üben Sie die Übung besonders bei diesen Kandidaten in kleinen Schritten und streichen Sie zunächst sämtliches Spielzeug und Kauknochen zur freien Verfügung. Auf diese Weise können Sie leichter steuern, was er hat und mit welchem noch besseren Gegen-

Jeder Hund sollte lernen, beim Kommando „Aus!" selbst sein Lieblingsspielzeug sofort freizugeben.

stand Sie es wieder herausfordern können. Trösten Sie sich auch nicht mit Sprüchen wie „Ja, ja, seinen Knochen muss er ja auch bewachen" oder Ähnlichem. Seinen Knochen kann und soll er bewachen, aber nicht gegenüber einem Familienmitglied. Zumindest seine Bezugsperson, besser noch seine ganze Familie, sollte ihm alles wegnehmen können, ohne dass der Hund mit Widerwillen reagiert. Abgesehen davon, dass Sie mit einem nachsichtigen Verhalten selbst Ihre Autorität untergraben, werden Sie dem Hund dann auch im Ernstfall nichts abnehmen können. Sinnvoll ist es, in der ersten Übungsphase das zu ertauschende Objekt dem Hund nicht zu überlassen. Halten Sie anfangs gemeinsam daran fest. Der Hund mit der Schnauze und Sie mit Ihrer Hand. Tauschen Sie dann das Objekt gegen ein anderes (als Lockmittel bzw. Belohnung eingesetztes) Objekt aus.

Falls die Übung problematisch bleibt, sollten Sie sich Hilfe von einem erfahrenen Fachmann holen, der die Situation beurteilen kann. Achten Sie darauf, dass Sie „Aus" unbedingt mit positiven Trainingstechniken erarbeiten, denn nur dann ist es ein Befehl, der Ihrem Hund Spaß macht. Widersetzt er sich dem Befehl, weil es ihm keinen Spaß macht oder um sich einer Strafe zu entziehen, so können Sie sicher sein, dass ihm dies immer wieder einmal gelingen wird.

Achten Sie in der Lernphase zwei und drei darauf, den Befehl breitflächig zu generalisieren. Lassen Sie sich alles Mögliche von Ihrem Hund „Aus"-geben. Arbeiten Sie zunächst weiterhin mit Tausch- oder Belohnungsmitteln hoher Qualität, um nichts von dem positiven emotionalen Bezug einzubüßen.

9 „Bleib"

„Bleib" ist ein Hilfsbefehl, der eigentlich überflüssig ist, wenn die Positionen „Sitz", „Platz" und „Steh" sehr sauber aufgebaut wurden. Für alle Hunde, die ab und zu aus diesen Positionen aufgestanden sind, ohne dass die Übung wirklich vom Hundeführer aufgelöst wurde, kann das Kommando „Bleib" die Bedeutung bekommen, dass die Position trotz räumlicher und zeitlicher Trennung des Hundeführers vom Hund eingehalten werden soll.

Kaum ein Befehl ist dem Hund zunächst so unverständlich wie „Bleib", denn wesentlich attraktiver als alleine zu warten, erscheint es dem Hund, gemeinsam mit dem Menschen etwas zu unternehmen oder seine Umgebung zu erkunden. Erfolg stellt sich aber schnell ein, wenn er das ihm vielleicht zunächst unangenehme Warten mit einer Belohnung verknüpft hat. In fortgeschrittenen Trainingseinheiten soll der Hund auch lernen, an einer von Ihnen bestimmten Stelle zu verharren, ohne sich ablenken oder sich zu irgendetwas verleiten zu lassen.

Am einfachsten ist es, den Hund zunächst absitzen oder abliegen zu lassen, denn das bloße Stehen verleitet mehr zum Nachlaufen. Kombinieren Sie die Befehle „Sitz" oder „Platz" und „Bleib" und nehmen Sie, wenn Sie dies später nutzen möchten, das Sichtzeichen – die offene, leicht angewinkelte Hand am nicht ganz

Der Befehl „Bleib!" bedeutet, dass der Hund an seinem Platz bleiben muss, bis Sie ihn abholen oder abrufen. Zum Einüben gehört viel Geduld. Üben Sie zunächst in kurzen Zeiteinheiten, die erst allmählich verlängert werden.

gestreckten Arm – hinzu. Stärken Sie zunächst die Position, falls nicht schon im Rahmen der Generalisierung der Übungen „Sitz" oder „Platz" geschehen, indem Sie beispielsweise vor dem Hund marschieren oder sich um sich selbst drehen und ihn für das artige Verharren in der Position belohnen. Üben Sie dann eine Entfernung aufzubauen, allerdings sollte diese am Anfang gering sein (ein Schritt).

Bedenken Sie
Zu schnelles Gehen verleitet den Hund zum Nachrennen, zu langsames Gehen auch, da ihm die Zeit der Trennung von Ihnen zunächst zu lang erscheint.

Variieren Sie diese Übung beliebig, indem Sie die Wartestellungen, Orte, Zeiten und Entfernungen ändern. Zur Beendigung der Übung gibt es zwei Möglichkeiten: Entweder Sie kehren zum Hund zurück und loben und belohnen ihn ausgiebig oder Sie rufen ihn mit „Hier" zu sich und loben ihn dann. Für die gesamte erste Lernphase empfiehlt sich zunächst nur die erste der angesprochenen Möglichkeiten, da nur bei dieser Variante wirklich das Bleiben belohnt wird. Bei der zweiten Option muss der Hund hingegen bereits begriffen haben, was „Bleib" bedeutet, denn er verknüpft das erteilte Lob mit seinem Kommen und dem dazugehörigen Befehl „Hier".

Beherrscht der Hund diese Übung, liegt es an Ihnen, künstlich Ablenkung zu schaffen, auf die der Hund natürlich nicht reagieren soll. Künstlich geschaffene Ablenkung deshalb, damit Sie gut darauf vorbereitet sind und die Situation besser

steuern können. Als Ablenkung können Sie beispielsweise einen dem Hund nicht vertrauten Bekannten bitten, ihn wegzulocken oder Ähnliches. Steigern können Sie die Ablenkung dann, wenn ein Bekannter, den der Hund gut kennt, den Hund verleiten soll. Bleiben Sie bei diesen Ablenkungen in relativer Nähe Ihres Hundes und beobachten Sie ihn. Reagiert er auf die Ablenkung, indem er seine Position verlässt, greifen Sie mit dem Kommando „Sitz" und „Bleib" ein und bringen ihn wieder an den ursprünglichen Platz zurück. Entfernen Sie sich dann erneut von ihm, warten Sie eine kurze Weile und loben Sie ihn kräftig, wenn er Ihre Korrektur brav befolgt hat und gestalten Sie die Ablenkung beim nächsten Mal einfacher. Bringen Sie Ihrem Hund die Übung bei, ohne dass er dabei Fehler machen kann. Das ist wesentlich sinnvoller als mit Korrekturmaßnahmen zu arbeiten!

Steigern Sie den Anspruch der Übung schrittweise. Bedenken Sie, dass schnelle Bewegungen von Objekten, fremden Menschen oder anderen Tieren eine größere Verleitung sind, als langsam ausgeführte Ablenkungsformen. Erschweren Sie die Übung langsam und immer erst dann, wenn der Hund die vorausgegangene Schwierigkeitsstufe sicher beherrscht. Mehrere Minuten an einem Platz zu verharren, ohne seinen Besitzer zu sehen und das auch noch unter gleichzeitiger Ablenkung, ist etwas für erfahrene Hunde. Führen Sie sich den Nutzen vor Augen, den Sie erarbeitet haben, wenn Ihr Hund erst gelernt hat, auch stärkste Ablenkungen zu ignorieren. Er wird sich dann auch nicht dazu verleiten lassen, mit anderen Personen mitzugehen, wenn Sie es nicht ausdrücklich angewiesen haben.

Auch zu Hause können Sie „Bleib" üben, indem Sie sich zunächst innerhalb des Zimmers vom Hund entfernen und sowohl die Entfernung als auch die Dauer der Übung variieren. Später können Sie auch das Zimmer verlassen, wobei der Hund sich natürlich nicht wegbewegen darf.

Tipp für das Alleinebleiben zu Hause
Hunde, die nicht gerne alleine bleiben, leiden häufig unter sogenannter Trennungsangst. Dies ist ein ernstzunehmendes Problem, das jedoch mit einer speziellen Therapie relativ gut in den Griff zu bekommen ist. In der Regel reicht es allerdings nicht, nur die „Bleib"-Übung zu trainieren. Manchmal ist sogar der Einsatz von Medikamenten notwendig. Günstig für ein Alleinebleiben-Training ist, wenn Sie die Übungen anfänglich so kurz halten, dass Sie immer schon wieder hereinkommen, bevor der Hund Ihr Verschwinden mit einer negativen Empfindung, also Stress oder Angst, verknüpfen konnte. Auch wenn es schwerfällt, sollte man gerade die Hunde, die offensichtlich nicht so gerne alleine bleiben, nach der Rückkehr nicht begrüßen, damit für den Hund der Unterschied alleine zu sein und im Mittelpunkt zu stehen, wenn der Besitzer wieder da ist, nicht so groß ist.

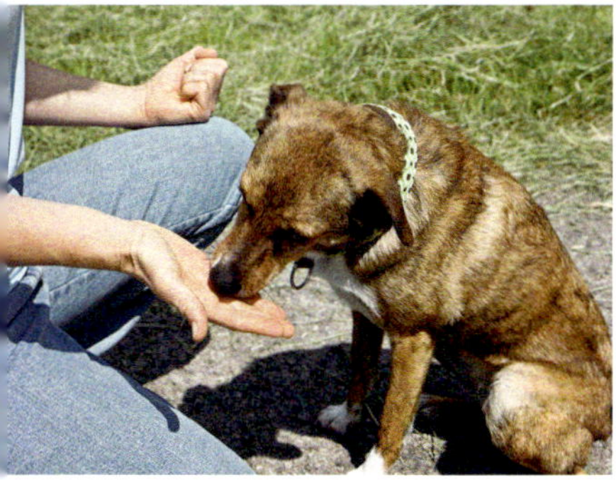

Bieten Sie Ihrem Hund aus beiden Händen Leckerchen zum Fressen an. Irgendwann halten Sie ein Leckerchen gut fest und sagen Ihr Korrekturwort. Wendet er sich dann der anderen Hand zu, wird er dort belohnt.

10 Korrekturwort

Um einen Hund korrigieren zu können, wenn er einen Fehler macht oder etwas tut, was unerwünscht ist, müssen Sie ihm vorher die Bedeutung eines Korrekturwortes verdeutlichen.

Hierzu gibt es viele unterschiedliche Ansätze. Ein einfacher Trainingsweg für Anfänger ist folgender:

- Nehmen Sie sich schmackhafte Leckerchen in beide Hände und bieten Sie Ihrem Hund aus beiden Händen Leckerchen an, die er fressen darf. Halten Sie dann in einem beliebigen Moment, wenn Ihr Hund schon etliche Leckerchen „umsonst" fressen durfte und sich gerade das nächste holen möchte, dieses Leckerchen gut fest und sagen deutlich Ihr Korrekturwort, beispielsweise „Pfui".

Wenn Ihr Hund sich nach einigen erfolglosen Versuchen von dieser Hand ab- und der anderen Hand zuwendet, wird er dort tatsächlich mit dem Leckerchen belohnt. Halten Sie bei einem Hund, der diese Übung noch nicht kennt, die Hände zunächst dicht beieinander, sodass ihm die Lösung des Problems nicht schwerfällt.

- Wiederholen Sie diese Übung und erhöhen Sie den Schwierigkeitsgrad, indem Sie die Hände Stück für Stück immer weiter auseinander nehmen. Bieten Sie schließlich dem Hund auch vom Boden aus Leckerchen an, die notfalls mit dem Fuß abgesichert werden können, wenn Ihr Hund nicht sofort auf das Kommando reagiert.

Ihr Hund soll lernen, dass das Korrekturwort bedeutet: „Du kannst aufhören, weitere Versuche bringen nichts, versuch etwas Anderes und du wirst belohnt". Im Alltag hat man dann einen Hund, der sich leicht korrigieren lässt, da er weiß, dass ein alternatives Verhalten, beispielsweise die Kontaktaufnahme zum Besitzer, zum Erfolg führen wird. Achten Sie in dieser Übung darauf, das Korrekturwort nur ein einziges Mal auszusprechen, denn Wiederholungen des Signals führen in der Zukunft nur zu Trödeleien auf Hundeseite, was gerade bei einer Korrektur nicht zweckmäßig ist.

Eine **drastischere Korrekturmaßnahme** stellen die Fisher-Discs dar. Bei der Konditionierung auf die Discs ist der Besitzer immer der Gute und eine Hilfsperson führt die eigentliche Übung durch. Der Besitzer sollte ein paar Schritte entfernt stehen und mit ganz besonders schmackhaften Leckerchen bewaffnet sein. Anders als beim einfachen Korrekturwort füttert in diesem Fall die Hilfsperson den Hund mit Leckerchen an und klappert, ohne etwas zu sagen in dem Moment mit den Schellen, wenn sie das Leckerchen festhält und somit für den Hund sperrt. Der Besitzer soll nun jede brave alternative Regung des Hundes belohnen, beispielsweise also, wenn er von dem Leckerchen zurückweicht. Ein besonderes Lob hat sich der Hund verdient, wenn er den Besitzer sogar anschaut oder dicht an ihn herangeht.

Im Alltag kann der Besitzer die Schellen später selbst einsetzen. Das Geräusch löst dann beim Hund ein **starkes Frustrationsgefühl** aus. Dementsprechend sollte auch nur geklappert werden, wenn der Hund dabei ist, ein echtes Vergehen zu begehen.

Von besonderer Wichtigkeit ist, dass der Hund immer vom Besitzer gelobt wird, wenn er seine fehlerhafte Handlung abbricht, denn das ist ja das eigentliche Trainingsziel. Außerdem braucht der Hund diese positive Bestätigung, um das Frustgefühl hinter sich zu lassen.

Achtung
Mit einer derartigen Negativ-Verknüpfung sollte nicht allzu sorglos umgegangen werden! Neben dem Gefühl von Frustration wird in diesem Training auch sehr leicht Angst ausgelöst, was zu Umweltunsicherheiten führen kann.

11 „Apport"

Manche Hunde sind von sich aus sehr apportierfreudig. Sie apportieren, weil es ihnen Spaß macht, ohne dass sie es je fachgerecht gelernt haben. In diesem Fall brauchen Sie die Begeisterung nur noch in die richtigen Bahnen zu lenken. Andere Hunde dagegen interessieren sich nicht besonders für das Apportieren. Das heißt aber nicht, dass sie die Übung nicht erlernen können. Das Apportieren stellt für den nicht apportierfreudigen Hund einen Befehl dar wie andere Befehle auch. Zum Spielen sind Apport-Spiele bei diesen Hunden jedoch weniger geeignet, weil sie kaum echte Freude daran haben werden.

Die „Apport"-Übung teilt man in folgende Abschnitte ein:

- Das Herstellen einer Beziehung zum Gegenstand.
- Das Aufnehmen, Halten, Tragen, Bringen und Ausgeben.

Viele Hunde bringen von sich aus ihr Lieblingsspielzeug, wenn sie spielen möchten. Das ist bereits der erste Schritt zum Erlernen des Apportierens.

Tipp
Vermeiden Sie vor dem Aufbau eines sauberen Apports Wurfspiele, wenn Ihr Hund die Eigenschaft hat, ein Objekt für sich zu beanspruchen oder wegzutragen. Bedenken Sie, dass Ihr Hund den meisten Spaß dann abseits von Ihnen mit dem Objekt hat, wohingegen der Kernpunkt des Apports die Verknüpfung ist, Ihnen den Gegenstand zu bringen und abzuliefern.

Beziehung zum Gegenstand

Die Beziehung zum Gegenstand ist die wichtigste Grundlage zum sauber ausgeführten Apport. Folgende Methode hat sich bewährt: Der Hund ist im Allgemeinen stets neugierig auf das, was Sie gerade tun. Seine besondere Neugierde können Sie zusätzlich wecken, indem Sie ein regelrechtes Spektakel um Ihre momentane Aktion oder eine bestimmte Sache veranstalten.

Nehmen Sie also in diesem Fall das Spielobjekt, mit dem Sie den Apport aufbauen möchten, beispielsweise einen Ball mit einer Griffschlaufe und legen Sie es dann, während Sie sprachlich den Hund anreizen und auch selbst mit dem Ball ein wenig spielen, in eine Schublade. In den folgenden Tagen gehen Sie immer wieder zu der Schublade. Tun Sie sehr geheimnisvoll und reden Sie ruhig dabei, beispielsweise: „So ein toller Ball, ja, was haben wir denn da?" Reizen Sie diese Situation richtig aus. Zeigen Sie dem Hund den Ball nur kurz und stecken Sie ihn dann wieder weg.

Aufnehmen und Halten

Haben Sie so das Interesse des Hundes geweckt, gehen Sie zum Aufnehmen und Halten des Gegenstandes über.

Holen Sie hierzu unter dem gewohnten Tamtam den Ball hervor und lassen Sie den Hund den Ball mit der Schnauze fassen. Lassen Sie ihn aber nicht ganz los, halten Sie ihn an der Schlaufe fest, sodass der Hund ihn nicht wegtragen kann. Loben Sie ihn mit der Stimme, wenn er den Ball für einen Moment in der Schnauze hält. Diese Leistung können Sie auch mit dem Clicker markieren. Die meisten Hunde lassen den Ball dann los, um das durch den „Click" versprochene Leckerchen zu fressen. Das Detail des Haltens ist durch das „Click" bereits markiert worden, sodass es nichts ausmacht, dass der Hund loslässt. Wenn Ihr Hund es mag, können Sie ihn, während er den Ball in der Schnauze hält, unter dem Kinn kraulen. Loben Sie ihn weiter und benutzen Sie, wenn alles gut läuft, auch das für den Hund neue Kommando „Halten". Sie können statt „Halten" auch das Kommandowort „Apport" wählen, um für den Apport einen Lernschritt zu sparen.

Wenn der Hund körperliche Berührungen nicht so schätzt, ist auch ein Zerrspiel geeignet. Dieser Weg hat den Nachteil, dass das ruhige Halten dann in einem eigenen Lernschritt noch einmal geübt werden muss. Achten Sie darauf, dass beim Zerrspiel die Erregungslage des Hundes nicht zu hoch wird. Spielen Sie also nur wenige Sekunden mit dem Hund und lassen Sie sich bei beiden Varianten den Gegenstand dann unter „Aus" abgeben.

Verlängern Sie schrittweise die Zeit, die der Hund den Ball halten soll. Diese Übung ist erst als gelernt anzusehen, wenn der Hund den Ball beliebig lange im Fang hält. Wenn Ihr Hund einen sauberen Apport lernen soll, ist es wichtig, dass er lernt, nicht auf dem Objekt herumzukauen. Halten Sie die Übungen anfangs daher nur sehr kurz und arbeiten Sie mit weichen Objekten. Variieren Sie später das Halten im Stehen, Sitzen und Liegen. Diese Übungen sind sehr anspruchsvoll und somit etwas für fortgeschrittene Teams.

Wenn Ihr Hund das Halten gut verstanden hat, wird ein weiteres Detail in die Übung eingefügt: das Aufheben. Legen Sie den Gegenstand vor sich auf den Boden und animieren Sie Ihren Hund mit Ihrer Hand Ihnen den Gegenstand anzureichen. Belohnen Sie ihn zügig, wenn alles klappt oder setzen Sie auch hier für ein besonders gutes Timing den Clicker ein.

Tragen

Das Tragen des Gegenstandes lässt sich am besten üben, wenn Sie den Apport-Gegenstand mit auf den Spaziergang nehmen. Der Hund darf ruhig sehen, dass Sie ihn eingesteckt haben.

Auf dem Rückweg des Spazierganges geben Sie dem Hund kurz vor Erreichen der Haustür den das Objekt (z.B. seinen Ball) in den Fang und gehen dann mit dem angeleinten Hund weiter. Vor der Haustür lassen Sie sich dann den Ball ausgeben und belohnen den Hund mit einem Leckerchen. Zu Beginn dieser Übung sollten Sie immer Strecken wählen, deren Ziel der Hund kennt, wie den Weg zur Wohnung oder zum Auto. So fällt dem Hund das Ausführen des Befehls leichter.

Dehnen Sie nach und nach die Distanz aus, die Ihr Hund den Ball tragen darf. Und ändern Sie im Laufe der Zeit sowohl die Strecken, auf denen der Hund den Gegenstand tragen soll, als auch den Gegenstand selbst, sodass er die Übung später weder an eine bestimmte Strecke noch an einen bestimmten Gegenstand knüpft.

Bringen und Ausgeben

Nach Erlernen dieser Übungen können Sie nun zum eigentlichen Apport übergehen. Legen Sie einen Ball oder ein anderes, dem Hund aus den Vorübungen schon vertrautes Objekt in einer geringen Entfernung aus, während Ihr Hund „Sitz" („Bleib") macht. Veranlassen Sie ihn dann mit „Apport" (bei Bedarf „Apport" und „Halten"), Ihnen den Ball zu bringen. Auch in dieser Übung kann das Objekt noch durch eine Kordel gesichert sein oder Sie setzen die Übung mit dem angeleinten Hund

Das Bringsel muss nach dem Apport sauber ausgegeben werden.

um, denn ein eigenständiges Wegtragen des Objekts seitens des Hundes sollte verhindert werden. Steigern Sie nach und nach die Distanz zwischen Ihnen und dem Hund sowie zwischen Hund und Ball. Bringt Ihr Hund auf „Apport" den verlangten Gegenstand, können Sie einen Schritt weitergehen und den Ball werfen. Üben Sie hierbei gleichzeitig konzentrierte Ruhe, denn Ihr Hund sollte erst auf den Befehl „Apport" loslaufen, um Ihnen den Ball zu bringen und nicht etwa, weil er sieht, dass das Objekt fliegt.

Das Bringen kann man nach und nach dadurch variieren und erschweren, dass der Hund beispielsweise über ein Mäuerchen springen muss oder das Objekt aus einem Gewässer herausapportiert. Ein sauber ausgeführter Apport sieht so aus, dass der Hund den Gegenstand schnellstmöglich zu Ihnen bringt, frontal oder seitlich absitzt und ihn erst auf Ihren Befehl hin loslässt. Durch kontinuierliches Training wird Ihr Hund das bald verstanden haben und mit Eifer bei der Sache sein. Hat Ihr Hund die Grundübung sicher begriffen, können Sie ihn durch das Aufbauen einer Beziehung zum Gegenstand auch für beliebige andere Gegenstände begeistern (s. Übungen 21–23: „Apport"-Übungen).

12 Verhalten in einer Menschenmenge

Ziel dieser Übung ist es, mit dem Hund, der unangeleint bei „Fuß" läuft, durch eine Menschenmenge zu gehen, ohne dass er Ihnen von der Seite weicht. Diese Übung wird besonders wichtig, wenn Sie Ihren Hund auch im öffentlichen Bereich sorgenfrei führen möchten oder auch einmal mit in die Stadt nehmen wollen.

Achtung

Bei Hunden, die nicht so gut an fremde Menschen sozialisiert und an Stadtsituationen gewöhnt sind, löst das Gehen durch eine Menschenmenge mitunter Angst und Meideverhalten aus. Verzichten Sie dann zunächst auf diese Übung und holen Sie sich professionelle Hilfe bei einem auf Verhaltenstherapie spezialisierten Tierarzt, denn häufige Konfrontationen mit der Problemsituation ohne spezielle Therapieübungen führen in aller Regel zur Verschlechterung der Situation!

Wenn Ihr Hund in Bezug auf die Nähe von Menschen unkompliziert ist, können Sie direkt mit Übungen starten. Lassen Sie Ihren Hund bei „Fuß" durch eine kleine ruhige Menschenmenge gehen. Belohnen Sie ihn, wenn er bei Ihnen bleibt und sich nicht ablenken lässt. Diese Übung können Sie in zwei Varianten üben: Für den Start empfiehlt es sich, den Hund angeleint zu führen, später sollte auch frei laufend geübt werden.

Beherrscht Ihr Hund dies, steigern Sie die Schwierigkeit. Nun benötigen Sie die Hilfe einer Gruppe von Menschen, die sich laut unterhält und beispielsweise mit scheppernden Büchsen Krach macht und sich hin- und herbewegt. Gehen Sie unter „Fuß" zusammen mit Ihrem Hund zunächst nur in der Nähe an der Gruppe vorbei. Achten Sie auf das Ausdrucksverhalten Ihres Hundes. Steigern Sie den Anspruch nur, wenn Ihr Hund wirklich fröhlich und entspannt ist. Fehler bei der Ausführung des sonst beherrschten „Fuß"-Kommandos oder Hektik beim Fressen der Belohnungsstückchen sind Alarmsignale von Stress. Stellen Sie dann das Training um, indem Sie den Anspruch der Übung herunterschrauben, denn andernfalls machen Sie Ihren Hund in Bezug auf diese Reize immer misstrauischer.

Keine leichte Übung: sich in einer Menschenmenge gelassen bewegen.

Sollten sich auch bei einfachen Trainingsvarianten wiederholt Probleme bei dieser Übung zeigen, ist ein therapeutisches Training angezeigt. Bedenken Sie, wie unangenehm es für ein Lebewesen ist, Angst zu haben. Holen Sie sich fachkundige Hilfe, beispielsweise bei einem auf Verhaltenstherapie spezialisierten Tierarzt, um die Ängste des Hundes abzubauen, bevor sie eskalieren.

Wenn Ihr Hund keine Scheu erkennen lässt, ist das Ziel der Übung, mit und ohne Leine auch mitten durch eine laute und unruhige Gruppe von Menschen zu gehen.

13 Verweigern von Gegenständen und Nahrungsmitteln

Diese Übung zielt darauf ab, dem Hund beizubringen, herumliegendes Essen sowohl zu Hause als auch auf dem Spaziergang zu ignorieren. Leider passiert es immer wieder, dass ein Hund durch Fressen von Unrat erkrankt oder gar einen Giftköder erwischt. Auch Tierfänger versuchen immer wieder, Hunde mit Futter wegzulocken. Deshalb sollte es zur guten Erziehung des Hundes gehören, weder von Fremden etwas anzunehmen, noch auf der Straße etwas aufzunehmen.

Als Vorbereitung für diese Übung und als Sicherheitspuffer sollte Ihr Hund die Korrekturwortübung schon beherrschen. Steigern Sie den Anspruch der Korrektur-Übung noch, indem Sie in seine Nähe einen Happen werfen und diesen mit dem Korrekturwort tabuisieren. Wenn diese Übung gelingt, können Sie den Hund bei der Übung des Verweigerns selbst dann noch ohne Manipulationen an der Leine führen, wenn diese einmal zu misslingen droht.

Beim Verweigern geht es nicht um eine Korrektur, diese stellt nur den Sicherheitspuffer dar, sondern um die Selbstkontrolle des Hundes. Legen Sie hierzu schmackhaftes Futter aus und führen Sie Ihren Hund angeleint dorthin. Halten Sie aber soviel Abstand, dass der Hund das Futter nicht erreichen kann. Lassen Sie ihn dann auflaufen. Meist zerren die Hunde anfangs in die Richtung der Verleitung. Bleiben Sie standhaft, benutzen Sie aber kein Kommando! Warten Sie, bis Ihr Hund sich etwas Passendes ausdenkt. Ein Blick zu Ihnen wäre schön oder auch ein Absitzen. Belohnen Sie dieses Alternativverhalten und entfernen Sie sich von der Verleitung. Achten Sie hierbei darauf, dass der Hund beim Weggehen von der Verleitung viel Spaß mit und bei Ihnen hat. Wiederholen Sie dies so oft, bis der Hund zügig sein Alternativverhalten zeigt. Erteilen Sie ihm ab und zu mit dem Kommando „Nimm" die Erlaubnis, die Verleitung tatsächlich fressen zu dürfen! Diese Erlaubnis stärkt die Bereitschaft des Hundes sich an die Verweigerung halten zu wollen, denn er hat nicht das Gefühl etwas Wertvolles zu verpassen, sondern nur einer Regel Folge zu leisten.

Wenn Ihr Hund auch diese Übung gut beherrscht, sollten Sie für Alltagssituationen die Hilfe eines Bekannten in Anspruch nehmen. Lassen Sie die betreffende Person verschiedene Köder auslegen, die eine gewisse Größe haben, wie eine Scheibe Wurst, ein Brötchen oder Ähnliches. Verabreden Sie nun genau die Plätze, an denen die Köder ausgelegt sind und schlendern Sie auf Ihrem Spaziergang dort vorbei. Der Hund sollte dabei unweigerlich auf die Köder stoßen. Ihr Vorteil ist, dass Sie genau wissen, wo die Köder sind. So sind Sie gewappnet. Halten Sie die Leine auch hier so kurz, dass nichts schief gehen kann. Loben Sie den Hund überschwänglich, wenn er die Köder ignoriert, und belohnen Sie ihn mit einem Leckerchen, das wesentlich attraktiver sein sollte als die Verleitung.

Achtung
Die Leine ist eine Sicherheitsmaßnahme zur Fehlervermeidung. Sie wird nicht zur Manipulation, etwa indem Sie den Hund zurückreißen oder Ähnliches, eingesetzt! Halten Sie die Leine also ausreichend kurz und halten Sie insgesamt genug Abstand von der Verleitung, damit Ihr Hund wirklich keine Chance hat, etwas Unerwünschtes zu tun.

Greifen Sie notfalls mit dem Korrekturwort ein. Bedenken Sie aber, dass dies den Hund zwar vom Fehler abhält, ihn aber im Alltag in diesen Situationen nicht zuverlässiger macht, denn er hat dann nur im „Auftrag" und nicht aus sich selbst heraus brav reagiert.

Eine Abwandlung der Übung ist folgende: Ihre Hilfsperson kann auf dem Spaziergang den Hund wie zufällig treffen und ihm einen Bissen anbieten. Greifen Sie ein und korrigieren Sie den Hund mit „Pfui", sobald er den Happen nehmen will. Belohnen Sie das Ablassen des Hundes auch hier mit einer besonders attraktiven Belohnung aus Ihrer Hand. Falls in den ersten Trainingsdurchgängen noch nicht alles wie am Schnürchen läuft, ist es wichtig, dass die Hilfsperson das Häppchen nach Ihrem Kommandowort dem Hund nicht gibt, selbst wenn er an der Hand herumwühlt oder Ähnliches! Ihr Kommando soll die Bedeutung haben, dass Sie es besser wissen als Ihr Hund.

Eine schwierige, aber oft nützliche Sache: der Befehl „Voraus!"

14 „Voraus"

Auf den Befehl „Voraus" hin soll der Hund geradlinig so lange vorauslaufen, bis er einen neuen Befehl erhält (beispielsweise „Steh", „Sitz", „Platz", „Down" oder andere). Durch das Beherrschen dieses Befehls wird Ihr Hund leicht lenkbar: Er kann beispielsweise in einer engen Gasse vorgeschickt werden (s. Übung 24: Kontrolle auf Distanz).

Da es eine etwas knifflige Sache ist, dem Hund zu vermitteln gerade in eine Richtung zu laufen, ohne ein Ziel vor Augen zu haben, sollte zunächst mit einem Objekt gearbeitet werden. Da ein Hund leichter auf ein bekanntes Ziel zuläuft, behelfen Sie sich am besten mit einem auffälligen Gegenstand, wie einer Tasche, einer Jacke, dem Lieblingsspielzeug oder einem Häppchen. Diesen deponieren Sie zunächst im Beisein des Hundes gut sichtbar an einer Bank oder auf freiem Feld. Gehen Sie dann gemeinsam von dort weg. Die anfängliche Distanz sollte fünf bis zehn Meter nicht überschreiten. Schicken Sie nun Ihren Hund unter „Voraus" in die Richtung Ihres ausgelegten Gegenstandes, indem Sie mit der Hand in die Richtung weisen. Ist er bei dem Gegenstand angekommen, rufen Sie ihm „Sitz", „Platz" oder „Steh" zu, gehen Sie dann zu ihm und loben Sie kräftig. Diese Übung machen Sie so lange, bis Ihr Hund direkt auf die Sache zuläuft und dort auch brav in der ihm angegebenen Position verharrt.

Steigern Sie die Distanz nach und nach, und üben Sie an verschiedenen Orten. Beherrscht Ihr Hund diese Übung, gilt es in der zweiten Lernphase, den Eindruck zu löschen, dass er immer nur zu bestimmten Sachen laufen soll. Das bringen Sie ihm am besten in zwei Schritten bei: Rufen Sie Ihren Hund etwa fünf bis zehn Meter vor dem deponierten Gegenstand mit einem Positionskommando ab und loben Sie ihn in gewohnter Weise, wenn er Ihren Befehl befolgt hat. Nehmen Sie außerdem nach und nach kleinere Gegenstände und lassen Sie diese schließlich ganz weg. Der Hund sollte inzwischen sicher in die von Ihnen gewiesene Richtung laufen, bis Sie ihn stoppen. Der Gegenstand tritt so nach und nach in den Hintergrund. Das geradlinige Laufen erfordert viel Training und muss immer wieder geübt werden, bis es zur Routine wird.

Manche Hunde lernen das Laufen zu einem Zielobjekt noch wesentlich leichter über eine andere Trainingsvariante, nämlich einen Rückwärtsaufbau. Diese Variante ist besonders gut geeignet, wenn der Hund zu einem immer gleichen Zielort geschickt werden soll, etwa bei Übung 37: „Auf den Platz". Der Clicker ist hier das ideale Hilfsmittel.

Rückwärtsaufbau „Voraus"

Beim Rückwärtsaufbau beginnt das Training mit der Endhandlung. Die anderen Trainingsschritte werden nach und nach davorgeschaltet. Der Vorteil eines solchen Vorgehens ist, dass der Hund ein hohes Sicherheitsgefühl mit der Endhandlung verbindet. Nehmen wir als Übungsbeispiel das Auf-den-Platz-Schicken: Lassen Sie den Hund auf seiner Liegedecke „Platz" oder „Leg dich" machen. Wiederholen Sie diese Übung etwa zehn Mal hintereinander, indem Sie die Übung nach der Belohnung, die der Hund in der Liegeposition bekommen sollte, auflösen und ihn aus einer geringen Distanz erneut zur Decke führen. Wenn bis hierhin alles gut geklappt hat, gibt es nun eine kleine Veränderung: Führen Sie Ihren Hund zur Liegedecke und sagen Sie Ihm nicht, was dort zu tun ist. Belohnen Sie ihn mit einer besonders tollen Belohnung, wenn er selbst auf die Idee kommt sich hinzulegen. Wiederholen Sie auch diese Übung etwa zehn Mal hintereinander, bevor es bei gutem Gelingen dieser Durchläufe die nächste Veränderung gibt. Treten Sie nun nicht mehr ganz so nah an die Decke heran. Sollte Ihr Hund dann neben der Decke liegen, ignorieren Sie das und führen Zwischenschritte ein, bis wieder alles gelingt. Belohnen Sie Ihren Hund mit einer wertvollen Belohnung, wenn er die geringe Distanz zwischen Ihnen und der Decke, anfangs nur etwa 15 cm weiter als gewohnt, eigenständig zurücklegt und sich auf der Decke sofort hinlegt. Der Clicker leistet in dieser Übung gute Dienste, denn Sie können mit ihm besonders leicht Details, etwa das schnelle Hinlegen oder das sich eigenständig zur Decke begeben, mit dem Belohnungsversprechen markieren und so ausbauen. Fügen Sie nach und nach immer ein wenig mehr Distanz ein, bis Ihr Hund eigenständig etwa zwei Meter von Ihnen bis zur Decke zurücklegt und sich dort sofort hinlegt. Erst jetzt ist der Moment gekommen, der Übung den neuen Namen „Voraus" oder „Auf den Platz" zu geben. Benutzen Sie das neu erwählte Kommando zunächst immer genau oder idealerweise kurz bevor Ihr Hund startet. Belohnen Sie später nur noch Durchläufe, in denen Sie Ihrem Hund das Kommando genannt haben und ignorieren Sie ab diesem Moment eigenständiges Vorlaufen, um eine gute Signalkontrolle zu erreichen.

15 Schussgleichgültigkeit

Wenn der Hund unter einer Geräuschempfindlichkeit leidet, bedarf es eines strukturierten verhaltenstherapeutischen Ansatzes, um ihm die Angst zu nehmen. Sprechen Sie hierzu Ihren Tierarzt auf die Möglichkeiten an. Für alle anderen Hunde ist eine prophylaktische Vorbereitung auf laute Knallgeräusche sinnvoll.

Bewährt hat sich zur Gewöhnung an laute Geräusche oder Schüsse die Methode, einen leisen und gedämpften Schuss immer vor einem freudigen Ereignis, beispielsweise dem Spaziergang oder dem Fressen, abzugeben; so kann der Hund schließlich die Verknüpfung zwischen dem Schuss und der Vorankündigung für ein positives Erlebnis herstellen (s. Übung 31: Ängste und Unsicherheiten). Auch wenn es draußen laut knallt, können Sie Ihrem Hund ohne Kommentar ein sehr schmackhaftes Leckerchen zustecken. Sollte Ihr Hund schreckhaft reagieren, ist hingegen

Gewöhnen Sie Ihren Hund schon in frühester Jugend an plötzliche laute Geräusche. Dann wird er später gelassen darauf reagieren.

Die meisten Hunde haben Spaß daran, über Hindernisse zu springen.

professionelle Hilfe angezeigt. Vermeiden Sie es im Falle von schreckhaftem Verhalten, ihn in seinem Schreck zu trösten, denn das würde die Unsicherheit nur verstärken.

16 „Spring“

Das Springen über verschiedene Hürden sowie das Überwinden anderer Hindernisse sind recht einfache Übungen. Die Höhe des Hindernisses muss der Größe des Hundes angepasst sein. Hier wird diese Übung bewusst noch unter die Rubrik der Grundausbildung gesetzt, da sie die Reihe der die Konzentration erfordernden Unterordnungsübungen etwas auflockert und den meisten Hunden Spaß macht. Außerdem gibt es auf den Trainingsplätzen der meisten Hundesportplätze Hürden, die Sie für diese Übung gut nutzen können.

Zum Erlernen der Übung verwenden Sie am besten eine kleine Hürde, die in der Höhe verstellbar sein sollte. Versucht Ihr Hund auch noch nach Zureden oder sogar dann, wenn Sie auf der anderen Seite der Hürde stehen und ihn mit einem Leckerchen locken, unter der Hürde hindurchzukriechen, verwenden Sie eine geschlossene Hürde, die dies unmöglich macht. Ebenfalls günstig ist es, zu Beginn eine Hürde zu verwenden, die seitlich geschlossene Wände hat. Führen Sie den angeleinten Hund an die Hürde heran und gehen Sie selbst auf die andere Seite. Animieren Sie ihn durch ein Leckerchen oder sein Lieblingsspielzeug zum Sprung und geben Sie gleichzeitig den Befehl

„Spring". Loben Sie kräftig, wenn er – egal wie – über die Hürde gelangt ist!

Erschweren Sie die Übung später durch höhere und offene Hürden. Lassen Sie den Hund auch ruhig auf dem Spaziergang über Äste, Mäuerchen oder Ähnliches springen, um den Befehl zu festigen. Trainieren Sie den Sprung aus dem Stand und aus dem Lauf heraus. Den meisten Hunden macht vor allem die Abwechslung in dieser Übung riesigen Spaß.

Zur Erweiterung der Übung kann es gehören, die Hürden bei „Fuß" und „Voraus" zu überwinden. Beherrscht Ihr Hund den Befehl „Spring" gut, können Sie auch dazu übergehen, ihn zunächst über einen niedrigen Stock springen zu lassen, um dann nach und nach sowohl die Höhe als auch die Gegenstände, über die er springen soll, zu variieren: über die gespannte Leine, über Ihr Bein, durch einen Reifen, über eine Kette und vieles mehr. Hier sind der Fantasie keine Grenzen gesetzt.

Wenn Sie einen besonders springfreudigen Hund haben, dessen Größe und Gewicht es zulassen, versuchen Sie die Übung doch einmal in der Form, dass er Ihnen auf den Arm springt.

Tipp
Achten Sie auf die Gelenkbelastung Ihres Hundes bei den Sprüngen. Halten Sie Maß, was die Häufigkeit der Sprünge und Höhe der Hindernisse betrifft und achten Sie darauf, dass er den Schwung des Sprungs in einer geraden Linie laufend abfangen kann.

Generalisierungstraining für die Grundkommandos

Beim Übungsaufbau geht es im ersten Lernschritt darum, dem Hund zu vermitteln, was genau von ihm verlangt wird. Wenn zu erkennen ist, dass er die Handlung mit dem Signal verknüpft hat, geht es in der zweiten und dritten Lernphase darum, die Übung unter immer mehr Ablenkung zu trainieren und mögliche Randverknüpfungen, wie etwa den Trainingsort, den Bodenuntergrund und auch die Körperhaltung des Menschen, in den Hintergrund treten zu lassen, die der Hund zunächst (ungewollt) mitverknüpft hat. Dieses Training bezeichnet man als Generalisierung. Erst wenn eine Übung gut generalisiert ist, kann sie wirklich zuverlässig gezeigt werden.

Gleichzeitig ist Generalisierungstraining auch ein wunderbares Beschäftigungstraining, denn man muss sich nicht immer neue Übungen ausdenken. Sehr viel Freude mit dem Vorteil einer erheblichen Gehorsamssteigerung machen auch Generalisierungsübungen von bereits erlernten Kommandos.

Damit Ihr Hund eine Übung leicht generalisieren kann, ist wieder darauf zu achten, dass er möglichst keine Chance hat, einen Fehler zu machen. Steigern Sie den Leistungsanspruch also nur schrittweise und verändern Sie die Umgebungsdetails der Übung nicht alle auf einmal. Geben Sie Ihrem Hund falls nötig Hilfestellung, beispielsweise über ein Sichtzeichen, damit die Übung auch gleich gelingt.

Bauen Sie dann in den nächsten Trainingsdurchgängen diese Hilfestellung nach und nach ab.

Je eindeutiger Sie die Übung für den Hund gestalten, umso leichter kann er generalisieren. Entscheiden Sie sich, welche Signale Sie für eine Übung benutzen wollen und wie Sie die Übung definieren. Natürlich kann ein Hund lernen, auf die Kommandos „Sitz", „Setz dich", „Sitzen" immer die „Sitz"-Übung zu machen. Es dauert aber länger, ihm dies zu vermitteln. Ähnliches gilt für die Handlung an sich. Wenn man einmal ein „Sitz" belohnt, bei dem der Hund mit einer Vorderpfote noch pfötelt und beim nächsten Mal, während er sitzend am Boden schnüffelt, wird es lange dauern, bis er generalisiert hat, was „Sitz" bedeutet, denn für den Hund sind dies ganz verschiedene Handlungen.

Vorschläge für das Generalisierungstraining

Wenn der Hund die Übung später unabhängig von der Umgebung in jeder beliebigen Situation zeigen soll, müssen Sie möglichst viel Varianz in das Training bringen.

Hier einige Ortsbeispiele:

Zu Hause: Wohnzimmer, Schlafzimmer, Bad, Küche, Diele, Arbeitszimmer, Garten, Balkon, Hof, Treppenhaus, Keller.

An diesen Orten gibt es natürlich noch weitere unterschiedliche Umgebungsmuster durch die Anwesenheit von anderen Personen, Tieren oder durch Haushaltsgeräusche, Lichtverhältnisse, Bodenbeläge und vieles mehr.

Im Freien: Park, Feld, Wald, auf einer Wiese, am Strand, auf der Straße, an oder auf Gegenständen, im oder am Wasser. Hier gibt es weitere Variablen, wie den Boden, der aus verschiedenen Materialien wie Asphalt, Steinplatten, Kacheln, Kopfsteinpflaster, Sand, Kies, lose Erde, Laub oder Gras bestehen kann. Auch Geräusche wie Verkehrslärm, Hundegebell, Sirenen, Kirchenglocken und die Laute anderer Tiere oder Gerüche anderer Tierarten, Artgenossen, Essen, Menschen und Autos stellen für den Hund immer wieder neue Situationen dar.

Die Liste kann noch beliebig fortgesetzt werden. In der Stadt spielen vor allem Menschen oder Menschenmengen, Engesituationen, Artgenossen und der allgemeine Trubel eine große Rolle. In ländlicher Umgebung muss man mehr jagdliche Ablenkungen einkalkulieren. Ob der Hund angeleint ist oder frei läuft spielt außerdem eine große Rolle und sollte in das Generalisierungstraining mit einbezogen werden. Übungen in öffentlichen Verkehrsmitteln, am Bahnhof, am Flughafen, an oder auf einem Boot, auf belebten Einkaufstraßen, im Fahrstuhl, in der Nähe von Kinderspiel- oder Sportplätzen erfordern ein hohes Maß an Konzentrationsfähigkeit.

Viele Hunde lassen sich außerdem leicht ablenken, wenn Ungewohntes passiert. Hierzu können beispielsweise ein Heißluftballon oder ein Drachen am Himmel, auffällige Kleidung oder ungewohnte Bewegungen von Personen zählen.

Aber auch in der Dämmerung oder Dunkelheit, bei Regen, Schnee oder

Eis ist die Trainingssituation für den Hund bereits eine neue.

Noch mehr Abwechslung ist auch über Veränderungen der Körperhaltung des Menschen möglich. Das schöne daran ist, dass Sie bei diesen Durchgängen nicht ortsgebunden sind und die Übungen drinnen oder draußen umsetzen können. Verlangen Sie die bereits erlernten Gehorsamsübungen während Sie sitzen, liegen, sich bücken, mit dem Rücken zum Hund, mit den Händen vor dem Gesicht, mit den Armen nach oben ausgestreckt, auf einem Bein stehend, hüpfend, klatschend, in Bewegung, mit einem Motorradhelm auf dem Kopf und so weiter und so fort. Sie sehen, hier gibt es tausendfache Möglichkeiten. Lassen Sie sich immer neue Dinge einfallen, denn so kommt Feinschliff in die Ausbildung Ihres Hundes.

Übungen für Fortgeschrittene

Wenn der Hund die Kommandos aus dem Grundgehorsam beherrscht, kann man sich innerlich zurücklehnen, denn das Zusammenleben ist dann schon wesentlich einfacher geworden. Dennoch sollte man – dem Hund zuliebe – nicht mit dem Training aufhören. Die Fortsetzung von Übungen hält den Hund geistig fit und verhindert das Abrutschen in die Tagesroutine, die in vielen Fällen für den Hund von einem hohen Maß an Langeweile geprägt ist.

Obedience-Training

Das englische Wort **Obedience** bedeutet übersetzt „Gehorsam" und darum geht es auch bei der gleichnamigen Sportart. Es handelt sich dabei im Wesentlichen um Übungen aus dem Bereich der Grundausbildung, die hier im sportlichen Wettkampf eingesetzt und verlangt werden. Allerdings steht nicht nur der Gehorsam im Vordergrund. Auch das Sozialverhalten der Hunde in Bezug auf Menschen und Artgenossen spielt eine Rolle.

Wie auch bei anderen sportlichen Wettstreiten sind hier Wettkampfbedingungen vorgegeben. Die Bewertung der Übungen erfolgt nach einem Punktesystem. Bewertet werden bei den nachfolgenden Übungen nicht nur deren Ausführung, sondern auch die Freude und der Wille bei der Arbeit sowie der offenkundige Teamgeist zwischen Mensch und Hund. Die hier vorgestellten Übungen sind gängige Kombinationen der verschiedenen Leistungsklassen im Obedience, die auch zur Beschäftigung auf dem Spaziergang abgefragt werden können.

17 Leinenführigkeit und Freifolge „Bei Fuß"

Bei dieser Übung werden zwei Stopps aus normaler und langsamer Gangart heraus, zwei Kehrtwendungen nach rechts in langsamer Gangart und im Laufschritt und je zwei Drehungen nach links und rechts, bei jeder der drei Gangarten verlangt. Die Übung soll mit und ohne Leine beherrscht werden.

18 „Sitz", „Platz" und „Steh" aus der Bewegung

Der Hund muss die Übungen „Sitz", „Platz" und „Steh" aus der Bewegung heraus unter Zuruf durchführen. Der Hundeführer geht in dieser Übung weiter, ohne sein Schritttempo zu variieren. Der Hund soll die ihm angewiesenen Position umgehend einnehmen und so lange in der jeweiligen Stellung verharren, bis er abgerufen wird oder der Hundeführer zu ihm zurückkehrt.

„Sitz" aus der Bewegung ist eine anspruchsvolle Übung.

19 Abrufen mit „Steh" und „Platz"

Der Hundeführer muss seinen Hund auf Geheiß des Prüfungsleiters etwa 25 m weit wegführen und dort mit „Platz" ablegen. Wenn der Besitzer in die Ausgangsstellung zurückgekehrt ist, wird der Hund mit „Hier" abgerufen und mit „Steh" arretiert, nachdem er etwa ein Drittel der Entfernung zurückgelegt hat. Die Übung wird mit „Hier" fortgeführt. Nach einem weiteren Drittel der Strecke muss der Hund unter „Platz" erneut kurz abliegen, bis er schließlich ganz hergerufen wird.

20 „Voraus" mit den Anweisungen „Platz", „Steh", „Hier", Fuß"

Der Hund soll unter „Voraus" an eine in etwa 10 m Entfernung gekennzeichnete Stelle vorausgeschickt und dort mit „Steh" angehalten werden. Wiederum mit dem Befehl „Voraus" wird er nach einer kurzen Pause in ein sogenanntes Pausenviereck (auch Box genannt) geschickt. Bei dem Pausenviereck handelt es sich um einen mit dünnen Brettern am Boden oder durch Pylonen markierten Bereich, in dem der Hund unter „Platz" abliegen soll, während man auf ein Zeichen vom Prüfungsrichter hin auf den Hund zugeht. Etwa 2 m vor dem Pausenviereck biegt man nach rechts ab und geht 10 m weiter, macht dort erneut eine Rechtsdrehung und schreitet 10 m fort, bis man dann den Hund mit „Hier" abruft und mit ihm bei „Fuß" weitergeht.

21 „Apport" und Sprung über eine Hürde

Es gilt bei dieser Übung, den zu apportierenden Gegenstand über eine Hürde zu werfen, während der Hund neben dem Hundeführer wartet. Unter „Apport" soll er dann über die Hürde springen, den Gegenstand aufnehmen, dann – wieder die Hürde im Sprung nehmend – zum Besitzer zurückkommen und, ohne auf dem Gegenstand herumzukauen, warten, bis er den Befehl „Aus" erhält. Daraufhin muss er den Gegenstand sofort hergeben. Im Obedience wird mit Holz- und Metallobjekten trainiert.

Im Obedience muss der Hund auf Distanz Ihre Befehle korrekt befolgen – eine Aufgabe, die nur in einem eingespielten Team perfekt funktioniert.

Sehr anspruchsvoll ist es, den Hund auf Distanz in eine bestimmte Richtung zu schicken – vor allem, wenn er gleichzeitig auch noch die Hantel apportieren soll.

22 „Apport" mit Anweisung „Rechts" und „Links"

Bei der Vorbereitung dieser Übung werden drei Holzhanteln auf einer geraden Strecke jeweils im Abstand von etwa 5 m ausgelegt. Der Hundeführer begibt sich dann mit dem Hund vom mittleren Gegenstand etwa 15 m entfernt an einen Standort, von wo aus er den Hund mit „Voraus" losschickt und nach etwa 7 m anweist, den mittleren, den rechten oder den linken Gegenstand zu bringen. Diese Anweisungen erfolgen durch Sicht- und Hörzeichen (beispielsweise „Mitte", „Rechts", „Links"). Der Apport muss ordentlich zu Ende geführt und vom Hundeführer schließlich mit „Aus" beendet werden.

23 „Such" und „Apport"

Die Vorbereitung dieser Übung besteht darin, dass der Hundeführer vom Prüfungsrichter einen Gegenstand zugewiesen bekommt, den er beispielsweise durch eine kleine Kerbe kennzeichnen muss. Damit dieser den Geruch des Hundeführers annimmt, darf er ihn eine Weile bei sich behalten. Der Hund darf bei dieser Vorbereitung nicht anwesend sein. Schließlich werden sechs gleiche Gegenstände – darunter der gekennzeichnete – in Abwesenheit von Hundeführer und Hund ausgelegt. Innerhalb von drei Minuten soll der Hund, der 10 m von den Gegenständen entfernt mit „Such" und „Apport" losgeschickt wird, den gekennzeichneten Gegenstand seinem Besitzer bringen (s. Seite 113).

24 Kontrolle auf Distanz

Der Hund wird abgelegt, während sich der Hundeführer 15 m von ihm entfernt. Aus der Entfernung heraus bekommt der Hund nun von seinem Herrn die Befehle „Platz", „Steh" und „Sitz" in einer beliebigen Reihenfolge, die der Prüfungsrichter festlegt. Insgesamt muss der Hund sechsmal die Position ändern, ohne seinen Standort zu verlassen.

25 Zweiminütiges Sitzen in einer Gruppe mit den Befehlen „Sitz" und „Bleib"

Hierbei werden alle Hunde des Wettkampfes in Reihen mit jeweils 3 m Abstand zueinander mit „Sitz" und „Bleib" zurückgelassen, während sich die Hundeführer außer Sichtweite der Hunde begeben. Die Übung gilt als erfolgreich abgeschlossen, wenn sich die Hunde während der zwei Minuten, die die Übung dauert, nicht hinlegen, aufstehen oder sich wegbewegen.

26 Ablegen mit Ablenkungen

Bei dieser Übung ist die Ausgangssituation dieselbe wie bei der vorher beschriebenen, nur dass die Hunde nicht sitzen, sondern liegen sollen. Sobald die Hundeführer außer Sichtweite sind, beginnt die vierminütige Phase der Ablenkung durch den Prüfungsrichter, der Slalom durch die Reihen geht. Setzen sich die Hunde hin oder winseln sie, führt dies zu Punktabzug.

Übungskombinationen Grundkommandos

- „Sitz"-„Bleib"
- „Platz"-„Bleib"
- „Steh"-„Bleib"
- „Sitz" aus der Bewegung („Fuß")
- „Platz" aus der Bewegung („Fuß")
- „Steh" aus der Bewegung („Fuß")
- Grundstellung und gradliniges „Voraus"
- „Voraus" und Positionsangabe an einem Zielobjekt („Sitz", „Platz", „Steh")
- „Sitz" und „Halten"
- „Platz" und „Halten"
- Grundposition und Positionswechsel („Platz", „Steh")
- Grundposition (Position aufrechthalten) bei geringgradigen Veränderungen im Raum (Drehen auf der Stelle nach rechts und links, seitliches Versetzen auf einer gedachten Linie, einen kleinen Schritt vor oder zurück)
- „Hier" an einer Ablenkung vorbei (Futtertäschchen o.ä. liegt auf dem Weg)
- Aufrechthalten der Grundstellung, während ein Apport-Objekt geworfen wird
- Apport von „unüblichen" Gegenständen (falls der Hund sich scheut: siehe Vertrautmachen mit dem Objekt)
- Training der Grundgehorsamskommandos unter in kleinen Schritten gesteigerter Ablenkung (Fußgängerzone, Hauptbahnhof, Flughafen, in der Nähe von ebenfalls konzentrierten Artgenossen, in der Nähe von Jagdablenkungen (Wildtierpark) etc.)
- Einsatz des Korrekturwortes und/oder Verweigern von Nahrungsmitteln bei zufällig gefundenem „Unrat"
- „Such" in Bezug auf ein nicht sichtbares, aber in der Nähe liegendes Objekt

Trainingselemente für jeden Tag

Mit kleinen Aufgaben, die man auf dem Spaziergang und zu Hause immer wieder einstreut, festigt man nicht nur das Verhältnis zwischen sich und dem Hund, sondern wirkt auch der Trägheit oder gar Lustlosigkeit entgegen, die durch Langeweile entsteht.

Alltagsleben mit Hund

Jeder Befehl ist hier geeignet, sei er nun sinnvoll – also mit praktischem Nutzen für uns – oder einfach nur ein Spaß-Befehl. Da der Hund das nicht unterscheiden kann, bleibt es für ihn einerlei. Es zählt nur Ihr Lob und Ihre offensichtliche Freude über einen brav ausgeführten Befehl.

Fordern Sie Ihren Hund in allen möglichen Situationen mit Aufgaben heraus, die er schon beherrscht oder widmen Sie sich einer neuen Aufgabe. Der Hund wird Ihnen mit Liebe, Aufmerksamkeit und Ausgeglichenheit danken, dass Sie ihm dauerhaft Interesse entgegenbringen und seinen Alltag abwechslungsreich gestalten.

Hundeschulen

Hundeschulen sind sinnvolle Einrichtungen, wenn sie gut geleitet werden. Leider gibt es aber auch unter Hundetrainern einige schwarze Schafe. Vor allem, wenn Sie sich für Hundesport begeistern können, sollten Sie sich eine gute Hundeschule oder einen guten Hundesportverein aussuchen. Das wichtigste ist ein erfahrener Trainer, der Ihnen, als möglicherweise noch unerfahrenem Hundehalter, Tipps geben kann. Halten Sie von fadenscheinigen Trainingsmethoden, Druck, Strafe, Schmerz oder Angst auslösenden Maßnahmen Abstand. Das Ergebnis solcher Erziehungsmethoden sind ängstliche oder aggressive Tiere. Fühlen Sie dem Trainingsleiter auf den Zahn, wo und wie intensiv er sich fortbildet. In der modernen Hundeausbildung ist eine ständige Weiterbildung unumgänglich.

Das Gute bei einer Hundeschule ist, dass sich Gleichgesinnte treffen und Erfahrungen austauschen können. Ebenso ist die Möglichkeit gegeben, dem Hund unter Ablenkung – die anderen Artgenossen und Gerüche – Aufmerksamkeit abzufordern, was nach einigen Stunden gut klappen wird.

Es sollte stets in kleinen Gruppen geübt werden, mit Hunden, die etwa die gleichen Voraussetzungen mitbringen, sodass alle dieselben Übungen machen können. Im Vordergrund stehen Übungen wie das Gehen bei Fuß durch eine Gruppe oder das Verharren am Platz, während ein anderer Hund bei Fuß vorbeigeführt wird. Auch die üblichen Geräte, wie Tunnel und Hürden, finden viel Anklang.

Falsch wäre es, zu erwarten, dass Ihr Hund die Übungen überall beherrscht, wenn er sie auf dem Übungsplatz gelernt hat. Geübt werden muss überall und in verschiedenen Situationen, sonst erreichen Sie nie die Festigung (Generalisierung), die Sie anstreben. Ebenso ungeeignet ist es, einen Hund für eine gewisse Zeit in eine Hundeschule zu schicken und zu erwarten, dass er danach bei Ihnen ebenso gut „pariert". Sie sollten die Bequemlichkeit nicht die Oberhand gewinnen lassen. Schließlich haben Sie sich für das Halten eines Hundes entschieden – Sie müssen sich also auch mit den Erfordernissen auseinandersetzen.

Eine sehr gute Möglichkeit hierfür ist ein „Urlaubsseminar mit Hund". Dieser Service wird von einigen Hundeschulen angeboten. Dort können Sie, unter der Anleitung von Fachleuten, Ihren Hund selbst schulen. Genauso gut wie ein Übungsplatz ist aber auch jede Wiese und jedes Feld, auf dem Sie mit anderen Hundebesitzern üben können. Sprechen Sie sich doch einfach ab, ob nicht hier und da für alle zusammen einige Übungen eingeschoben werden sollten. Es liegt schließlich im Interesse aller Besitzer, dass die Hunde gut erzogen sind, und wann hat man mehr Zeit als auf einem Spaziergang? (vgl. S. 75)

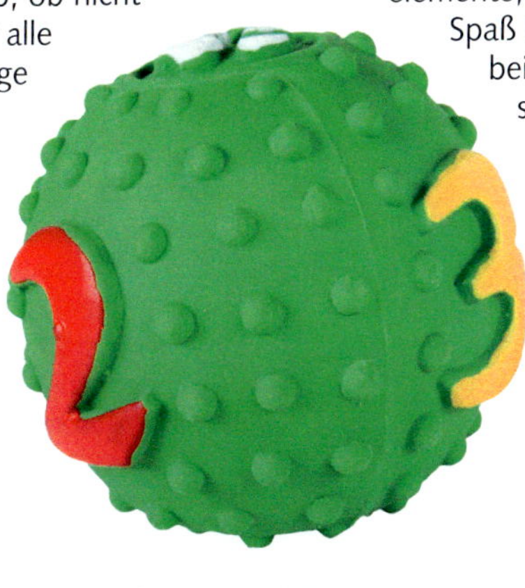

Achtung
Wenn Sie als aktives Mitglied in einem Hundeverein Hundesport betreiben wollen, sollten Sie Ihren Verein besonders sorgfältig auswählen. In den meisten Städten gibt es mehr als eine Hundeschule oder einen Hundesportverein. Besuchen Sie am besten mehrere und nehmen Sie an einer in der Regel kostenlosen Probestunde teil, bevor Sie sich für den Verein entscheiden, der Ihnen von den Trainern, anderen Teilnehmern und von den angewandten Methoden her am meisten zusagt.

Auf dem Spaziergang

Der Spaziergang ist für den Hund eine Zeit, auf die er sich sehr freut, denn bei dieser Gelegenheit widmen Sie sich ihm ganz besonders. Hierbei sollte er Zeit haben für Spiele, für Übungen, zum Schnüffeln, für soziale Kontakte und zum Toben mit anderen Hunden. Lassen Sie Ihren Hund etwas erleben. Achten Sie auch auf Team-Bindungselemente, die einfach ein wenig Spaß bringen. Erklimmen Sie beispielsweise mit ihm zusammen große Steine, gefällte Baumstämme oder spielen Sie Verstecken. Bringen Sie auch ins Training Abwechslung und üben Sie die Befehle in unterschiedlichen Tonlagen, etwa einmal normal laut und

In der Welpen- und Junghundgruppe erlernen die Junghunde beim Spielen und Toben das richtige Sozialverhalten gegenüber Artgenossen. Günstig ist es, wenn in den Spielablauf auch Gehorsamsübungen integriert werden.

einmal leiser, denn das schult die Aufmerksamkeit. Nicht nur für den Hund ist der Spaziergang eine tolle Zeit, auch Sie können die frische Luft genießen, kleine Alltagssorgen für einen Moment vergessen und neue Kontakte zu anderen Hundebesitzern knüpfen. Fragen Sie doch bei den anderen Hundehaltern einmal nach, ob nicht vielleicht sogar Interesse besteht, gemeinsam ein paar Übungen mit den Hunden umzusetzen. Das macht besonders viel Spaß und ist für fortgeschrittene Teams – aufgrund der höheren Ablenkung aus der Umgebung – eine geeignete Herausforderung. Lassen Sie Ihren Hund auf dem Spaziergang nicht nur machen was er will. Fordern Sie ihn, indem Sie ein paar schon bekannte Übungen verlangen oder neue Übungen trainieren. Auf diese Weise lasten Sie den Hund optimal aus, denn es geht nicht nur ums Toben und die körperliche Betätigung. Ein Hund braucht auch geistigen Input.

Übungen für die Arbeit in einer kleinen Hundegruppe

- Leinenführigkeit: Auf ein ablenkendes Objekt (oder einen Hundefreund aus der Gruppe) zugehen und Wenden, wenn der Hund an der Leine zieht (ohne zu Rucken!).
- Nicht-Anspringen bei Begrüßungen: Hund bei Fuß führen, auf ein anderes Hund-Halter-Team zugehen, beide Hunde machen „Sitz" in der Grundstellung, der andere Mensch wird mit Handschlag begrüßt.

- Angucken als Konzentrationsübung unter Ablenkung: Der Besitzer hält seinem Hund etwas sehr Leckeres vor die Nase und dann die Hand mit dem Lockmittel seitlich von sich weg. Sobald der Hund vom Lockmittel weg-guckt und stattdessen Blickkontakt zum Besitzer aufnimmt, wird er sofort belohnt (diese Übung ist besonders für Clicker-Anfänger geeignet).
- Mit mindestens vier Hunden: (mit oder ohne Leine umsetzbar) Aufstellung im Viereck oder im Kreis, dann Fußlaufen an der Seite des Besitzers, sodass jeweils zwei (sich gegenüberstehende) Hunde bei Seitenwechsel aneinander vorbeigehen müssen.
- Seitenwechsel in Begegnungssituationen mit einem anderen Artgenossen von der Grundstellungsseite hinter dem Rücken auf die „falsche" Seite.
- Alle anwesenden Teams bilden eine Reihe, ein Hund macht am Ende der Reihe „Bleib", alle anderen sind angeleint in der Grundstellung an der Seite der Besitzer konzentriert. Der Halter des bleibenden Hundes entfernt sich (Distanz je nach Trainingsstand) und ruft seinen Hund dann an der Hundegruppe vorbei ab. Die anderen Teams sollen ihre Hunde in Konzentration halten, sodass keiner dem rennenden Hund hinterherspringt.
- „Sitz", „Platz" mit Ablenkungen: (mindestens zwei Teams sind nötig). Ein Halter lässt seinen Hund „Sitz" bzw. „Platz" machen, der andere umkreist mit seinem Hund bei „Fuß" konzentriert das Team. Für Fortgeschrittene kann diese Übung mit „Sitz"-, bzw. „Platz"-„Bleib" umgesetzt werden.

27 Das stille Örtchen

Eine besonders praktische Übung im Alltag ist es, dem Hund beizubringen, sich auf einen bestimmten Befehl hin zu versäubern. Sehr leicht lernen Hunde diese Verknüpfung, wenn sie bereits einen Ort haben, an dem sie sich schon oft gelöst haben. Führen Sie den Hund zu einer Zeit an diesen Ort aus, zu der er auch sonst sein Geschäft erledigt und beobachten Sie ihn genau. Sagen Sie dann in dem Augenblick, wenn Ihr Hund sich anschickt sich zu lösen, immer den gleichen Befehl, beispielsweise „Mach schnell". Letztendlich kommt es nicht auf die Bedeutung des Wortes an, sondern nur auf die Verknüpfung, die der Hund damit herstellen soll. Interessanterweise kommt es hier nur auf Ihr Timing in Bezug auf Ihr Signalwort und die Handlung des Versäuberns an. Ein Verstärker (z. B. ein Häppchen) ist nicht nötig, da es sich um eine klassische Konditionierung handelt.

Wenn Sie eine Zeit lang so verfahren, wird ab einem gewissen Moment das Lautzeichen beim Hund das Bedürfnis auslösen, sich zu versäubern. Wichtig ist, dass Sie den Hund – auch wenn er den Befehl schon beherrscht – immer wieder einmal abfragen, denn sonst löschen Sie mit der Zeit seine unwillkürliche positive Reizkopplung wieder. Dieses Training gelingt aus anatomischen Gründen hervorragend in Bezug auf den Harnabsatz, da immer eine geringe Menge Urin in der Blase ist. Beim Kotabsatz ist dies anders, da der Hund sein „großes Geschäft" nur erledigen kann, wenn Kot im Enddarm vorhanden ist.

28 Begegnungen mit Hunden

Für den Hund als Rudeltier sind soziale Kontakte nicht nur eine Freude im Alltag, sondern ein ganz wichtiger Baustein in der normalen Entwicklung. Im Umgang mit Artgenossen lernen Hunde ihre Grenzen kennen. Auch unter freundlichen Hunden sind kleinere Rangeleien genauso normal wie friedliches Schnüffeln oder Spielen. Erschrecken Sie nicht gleich, falls es einmal zu einer Auseinandersetzung kommen sollte. Sie werden sehen, dass sich in der Mehrzahl der Fälle bei solchen Kämpfen die Fronten ohne Verletzungen klären lassen. Die Verletzungsgefahr ist in der Regel ungleich höher, wenn sich die Besitzer der Hunde in den „Kampf" einmischen, als wenn sie die Tiere gewähren lassen. Lassen Sie die Hunde also agieren, solange es sich um gut sozialisierte Tiere handelt, die weder aggressiv noch ängstlich sind.

Falls Ihr Hund zu einer aggressiven Problemgruppe gehören sollte, möglicherweise aufgrund schlechter Erfahrungen, gelten diese Regeln allerdings nicht. Schaffen Sie für diesen Hund dann ganz gezielt geeignete Situationen, da er sich nicht im Raufen schulen sollte (s. Übung 33: Superwort oder entsprechende Fachliteratur). Holen Sie sich frühzeitig Hilfe von einem auf Verhaltenstherapie spezialisierten Tierarzt, denn viele „Prolligkeitsprobleme" sind durchaus lösbar.

Vielleicht hat Ihr Hund ja auch einen oder mehrere Kumpels, mit denen er besonders gerne zusammen ist, um zu spielen oder andere Dinge zu unternehmen. Intensivieren Sie solche Hundefreundschaften ruhig weiter, auch durch gezieltes Verabreden mit dem jeweiligen Besitzer. Soziale Kontakte dieser Art sind außerordentlich wichtig für das Wohlbefinden des Hundes. Ein einsamer Hund wird auf Dauer lustlos, was bedeutet, dass er Ihnen nur noch hinterhertrottet. Bei jeder Art von sozialem Beisammensein muss aber gewährleistet bleiben, dass Ihr Hund Sie weiterhin als Teamchef akzeptiert. Üben Sie seinen Gehorsam mit kleinen Übungen während des Treffens und lassen Sie ihn dann weiterspielen.

Achtung Mobbing
Vermeiden Sie Mobbingsituationen, denn alle beteiligten Hunde lernen hier etwas Unerwünschtes. Das Mobbingopfer empfindet Angst und Unbehagen und die Mobbing-Täter schulen sich in prolligem Verhalten. Rufen Sie Ihren Hund ab, wenn Sie merken, dass ein Kontakt in Richtung Mobbing eskaliert, um derartige Lernerfahrungen zu vermeiden. Um Mobbing von Spiel zu unterscheiden gilt die Faustregel: An einem Spiel haben alle gleichviel Spaß, beim Mobbing ist das anders!

29 Begegnungen mit Menschen

Schulen Sie Ihren Hund in höflichem Verhalten fremden Menschen gegenüber. Trainieren Sie ganz gezielt Begrüßungssituationen mit Handschlag und kurzen Gesprächen und achten Sie darauf, dass Ihr Hund weder an der fremden Person schnüffelt noch an ihr hochspringt. Geben Sie ihm hierzu anfangs die Hilfestellung, die erforderlich ist, um keinen Fehler zu machen. Bauen Sie dann nach und nach die Hilfestellung ab.

Achtung
Nicht jeder Mensch mag Hunde! Halten Sie Ihren Hund stets so weit unter Kontrolle, dass sich niemand belästigt fühlt oder gar Angst erleiden muss und dass keine Gefahrensituationen entstehen können. Als Hundehalter ist dies Ihre wichtigste Aufgabe beim Führen Ihres Hundes in der Öffentlichkeit.

Wenn Ihr Hund noch jung ist und schon viele positive Erfahrungen mit Menschen gemacht hat, kann es sein, dass er die Tendenz entwickelt alle fremden Menschen begrüßen zu wollen. Gewöhnen Sie ihm das ab. Eine einfache Möglichkeit ist folgende: Achten Sie in Kontakten mit fremden Personen darauf, dass sich Ihr Hund wohlfühlt, aber kein besonderes Feedback (etwa Leckerchen) von den fremden Menschen bekommt. Ein sanftes Streicheln oder eine freundliche Ansprache ist in Ordnung. Schalten Sie dann einen Gang höher, wenn der Kontakt beendet ist und bieten Sie Ihrem Hund bei sich selbst besonders viel Spaß! Ihr Hund soll lernen, dass es bei und mit Ihnen am Schönsten ist. Verfahren Sie nach diesem Motto auch, wenn Sie den Hund angeleint an fremden Menschen vorbeiführen. Konzentrieren Sie ihn spielerisch und achten Sie darauf, dass er Ihnen und nicht der fremden Person zugewandt ist.

30 Begegnungen mit Gegenständen

Lassen Sie Ihren Hund viel erleben, indem Sie ihn dazu ermuntern, hier und da einmal auf einen Stein, eine Bank oder auf einen gefällten Baumstamm zu springen oder Ähnliches. Durch diese Aktionen verliert Ihr Hund nicht nur die Scheu vor Ungewohntem; er gewinnt vielmehr eine Menge Selbstvertrauen und auch Vertrauen zu Ihnen.

Sollte dennoch einmal ein ungewohntes Hindernis im Weg stehen (etwa Sperrmüll oder Mülltonnen zur Abholung), vor dem sich der Hund fürchtet, gehen Sie darauf zu, fassen Sie es an und rufen Ihren Hund herbei. Sollte er sich nicht gleich herantrauen, geben Sie ihm Zeit, aber vermeiden Sie es, einen beruhigenden oder mitleidvollen Tonfall anzuschlagen, denn das schürt nur sein Misstrauen. Er sollte Ihnen aus eigenem Antrieb folgen und die Möglichkeit haben, zu schnuppern. Bleiben Sie derweil ganz neutral. Fürchtet sich Ihr Hund beispielsweise vor einem Rollstuhl, bitten Sie den betreffenden Fahrer, doch einen Moment anzuhalten, sodass sich die beiden kennenlernen können. Viele Menschen haben sehr viel Verständnis für solch eine Bitte und freuen sich über den Kontakt. Oftmals ist der Damm schon gebrochen, wenn der Hund einmal gemerkt hat, dass im Grunde keine Gefahr droht.

Abwechslung im Alltag, auch durch Spaziergänge in unterschiedlichem Gelände, stärkt das Selbstvertrauen des Hundes und er lernt dabei entweder Fremdes zu ignorieren oder aber nachzusehen, was los ist. Sie als Besitzer können sich notfalls als Vermittler einschalten und Ihren Hund in seinem Tun bestärken. Richten Sie Ihr Augenmerk hierbei stets auf das Wohlbefinden Ihres Hundes. Fördern und stärken Sie entspanntes und angstfreies Verhalten.

31 Ängste und Unsicherheiten

Ängste und Unsicherheit sind bei Hunden keine Seltenheit. Manche Hunde leiden sogar an einer Phobie. Die Gründe für die Ängste können vielfältig sein. Hier ist die Hilfe eines Fachmannes gefragt – beispielsweise ein auf Verhaltenstherapie spezialisierter Tierarzt (im Anhang finden Sie die Adresse der Tierärztlichen Gesellschaft für Tierverhaltensmedizin und -therapie). Geben Sie sich, auch zum Wohle Ihres Hundes, nicht damit zufrieden, mit der Angst zu leben. In den meisten Fällen schafft man es nämlich durchaus, Ängste abzubauen – auch wenn eine vollständige Behebung des Problems nicht immer erreicht werden kann.

Bedenken Sie im Umgang mit einem ängstlichen Hund in besonderer Weise, dass Lernen nur in stressfreien Situationen möglich ist! Wenn Sie an einem Angstproblem arbeiten wollen, müssen die Trainingsschritte deshalb so ausgerichtet sein, dass der Hund in den Übungen völlig angstfrei sein kann. Eine solche Therapie ist zwar langwierig, erhöht aber die Lebensqualität enorm.

Hier sind der Hund und die Katzen gut miteinander vertraut.

32 Jagdtrieb

Wenn Sie nicht jagdlich mit Ihrem Hund arbeiten und dies auch in Zukunft nicht tun wollen, empfiehlt es sich, den Jagdtrieb des Hundes so einzudämmen, dass er nicht unerwartet mit einem Satz verschwindet, bloß weil er ein Kaninchen oder einen Vogel gesichtet hat. Dieses Verhalten liegt in der Natur des Hundes und ist somit nicht als Fehlverhalten, sondern als – in diesem besonderen Fall unerwünschtes – Instinktverhalten zu werten und auch nur unter diesem Gesichtspunkt in den Griff zu bekommen.

Ziel dieser Übung ist, dass Ihr Hund auf dem Spaziergang alle Tiere, die er gerne jagen würde, ignoriert. Sie vermeiden so unter Umständen gefährliche Zwischenfälle. Besonders einen Welpen kann man leicht an fremde Tierarten gewöhnen. Er wird umso weniger Interesse an der Jagd dieser Tiere haben, je näher er sie kennengelernt hat und je weniger stark er in diesen Begegnungen die Gelegenheit hatte, sich allzu sehr auf sie zu konzentrieren oder sich gar in eine Verfolgung hineinzusteigern. Auch hier dient die Leine der Sicherung.

Es gibt zwei Erfolg versprechende Methoden dem Hund beizubringen, Wild zu ignorieren. Aber Achtung: Diese Maßnahmen dienen der Prophylaxe! Ein schon bestehendes Jagdproblem kann mit diesen vergleichsweise oberflächlichen Techniken nicht allumfassend gelöst werden! Wenden Sie sich im Fall eines echten Jagdproblems an einen erfahrenen Verhaltenstierarzt (siehe Anhang).

Einmal arbeitet man nach dem **Prinzip der Ablenkung**, was folgendermaßen funktioniert: Gebüsche und Gebiete, in denen der Jagdtrieb in besonderer Weise gefördert wird, sind tabu und werden dauerhaft mit einem Verbot belegt. Kommt man nun doch einmal in die Situation, vor einem Jagdobjekt nicht ausweichen zu können, konzentriert man den Hund auf ein Spiel, durch andere Befehle oder aber, falls er es schon kennt, auf sein „Superwort". Diese Methode ist jedoch nur so lange erfolgreich, solange der Hund weder die Gelegenheit hat, eigenmächtig ins Gebüsch zu gelangen, noch, dass er einen Hasen oder Vogel vor Ihnen entdeckt hat. Aufgrund dieser Einschränkungen bevorzugen viele Hundetrainer die zweite Methode.

Hierbei vermeidet man, wie im ersten Fall auch, ein eigenmächtiges Jagen im Unterholz, sucht aber zum Trainieren dieser Übung Orte auf, in denen die Ablenkung recht groß ist, z. B. ein Feld, auf dem erfahrungsgemäß viele Mäuse und Kaninchen leben. Üben Sie zunächst an einer längeren Leine das Gehen auf Wegen um das Feld herum und achten Sie darauf, dass der Hund auf Zuruf Abstand davon nimmt, in das Feld vorzupreschen.

Gelingt diese Übung gut, gehen Sie zur zweiten Phase über, in der Sie mit dem nach wie vor angeleinten Hund in das Feld gehen und eine Geruchsbegegnung mit einem zu jagenden Tier provozieren. Belohnen Sie Ihren Hund stets dafür, wenn er Sie in dieser Ablenkungssituation anguckt. Nach einiger Zeit wird dieses Training dazu führen, dass der Hund Witterungen weitestgehend ignoriert und Ihnen brav durch das Feld folgt. Setzen Sie in diesen Übungen „Superleckerchen" ein, denn der Spaß an Ihrer Seite sollte im Idealfall größer sein, als der erwartete Spaß mit den Beutetieren.

Die nächste Schwierigkeitsstufe ist das Ignorieren eines sichtbaren Objektes. Mit ein bisschen Glück werden Sie abends am Feldrand immer wieder einmal auf ein Kaninchen stoßen. Gehen Sie so vor, dass Sie den angeleinten Hund in Sichtweite, aber nicht zu nah an die Verleitung heranführen und ihn für jedes Wegschauen von den Tieren und, noch besser, jedes Schauen zu Ihnen, üppig belohnen. Gelingt dies auch beim weglaufenden Tier, gehen Sie langsam dazu über, all diese Übungen ohne Leine zu trainieren. Lassen Sie sich jedoch bei dem Schritt von der Leine zum freien Folgen ausreichend Zeit. Ein Misserfolg – wenn Ihr Hund trotzdem plötzlich hetzt – macht ein ganzes Stück Arbeit zunichte. Legen Sie also keinen falschen Ehrgeiz an den Tag, denn hier geht es darum, einen seiner Urinstinkte auf ein Ersatzverhalten umzulenken. Das dauert erfahrungsgemäß länger als das Erlernen einer einfachen „Sitz"-Übung.

Beginnen Sie die Phase, in der Ihr Hund ohne Leine mit Ihnen durch das Feld streift, zunächst so, dass Sie ihn bei „Fuß" laufen lassen. Erst wenn er dies beherrscht, lassen Sie ihn vorlaufen. Einen bereits hetzenden Hund zum Stehen zu veranlassen, ist ungleich schwerer, als ihm im Vorfeld zu verbieten einem Kaninchen hinterherzulaufen. Erreichen kann man dies durch die Befehle „Steh" oder „Down". Die Hemmung für den Hund weiterzulaufen ist bei „Down" wesentlich größer und somit bei Hunden mit viel Jagdpassion dem „Steh" vorzuziehen. Hunde, die weniger Jagdpassion besitzen, können im Allgemeinen schon durch ein langsam gesprochenes „Bleib" dazu veranlasst werden, das Wild nicht zu hetzen. Von Fall zu Fall kann es hilfreich sein, auch bei den anderen Hunden den erstgenannten Befehl zusätzlich mit „Bleib" zu koppeln.

Konzentrieren Sie den Hund zusätzlich auf Ersatzbeute, indem Sie ihn beispielsweise ein mit Futter gefülltes Spielzeug apportieren lassen oder mit ihm am Wegrand Suchspiele mit Futter abhalten. Machen Sie sich wichtig und lasten Sie Ihren Hund mit interessanten Spielen und Übungen aus, sodass das Hobby Jagen nicht seine erste Wahl ist.

33 Superwort

Das Superwort ist ein ganz besonderer Baustein in der Hundeausbildung. Ziel des Superwortes ist es, alle Aufmerksamkeit des Hundes auf sich zu ziehen, um ihn so unter Umständen von anderen für ihn sehr interessanten Dingen abzulenken oder um ihn mit aller Konzentration auf eine neue Übung vorzubereiten. Das Superwort kann man auf vielerlei Weise einsetzen. Hervorragende Erfolge erzielt man damit beispielsweise auch bei der Gewöhnung von aggressiven Hunden an ein „normales" Hundeleben. Des Weiteren kann man es einsetzen, wenn der Hund von einem Jagdobjekt oder einem Angst auslösenden Reiz

Das Superwort muss für den Hund so verlockend sein, dass er alles andere vergisst und sich völlig auf Sie konzentriert.

abgelenkt werden soll. Aber Achtung: Das Superwort ist keine therapeutische Übung. Es ist nur ein oberflächlicher Baustein unter vielen anderen möglichen und maßgeschneiderten Maßnahmen. Wenn Verhaltensprobleme bestehen, sollten Sie zusätzlich zum Superworttraining einen gut strukturierten und von einem verhaltenstherapeutischen Fachtierarzt aufgestellten Therapieplan verfolgen, um die weiteren Übungen ganz zielgerichtet auf die Ursache des Problems und die sich daraus ergebende individuelle Lösung einstellen zu können.

Bei der Fixierung auf ein Superwort gehen Sie folgendermaßen vor: Zunächst überlegen Sie sich, was dem Hund am meisten Spaß macht. Im folgenden Fallbeispiel sei es das Spiel mit einem alten Strumpf, an dem der Hund ziehen und zerren darf. Nun wählen Sie ein Wort für das Superwort – bestenfalls auch einen Laut, den der Hund vielleicht besonders gerne hat und auf den er leicht reagiert. Gibt es für Ihren Hund kein Lieblingswort, nehmen Sie einfach „Pass auf“, sofern es nicht schon mit einem Befehl belegt ist.

Das Superwort trainieren Sie zunächst ohne die geringste Ablenkung, indem Sie den Hund während des Spazierganges rufen, schnell den Strumpf hervorzaubern und unter „Pass auf“ den Hund zum Spiel animieren. Laufen Sie ruhig selbst ein Stück, die meisten Hunde spielen dann besonders ausgelassen! Loben Sie den Hund und schmeicheln Sie ihm ein wenig mit seinem Namen. Brechen Sie das Spiel nach kurzer Zeit ab, loben Sie ihn kräftig und stecken Sie ihm ruhig ein Leckerchen zu. Durch tägliches Üben wird es Ihnen bald gelingen, den Hund mit dem Zuruf „Pass auf“ an sein tolles Spiel zu erinnern, er wird zu Ihnen kommen und mit Ihnen und seinem Strumpf spielen wollen. Diese ganze Aktion muss so weit gefestigt werden, dass sie zu etwas ganz Besonderem im Leben Ihres Hundes wird.

Ist eine gewisse Festigung vorhanden, können Sie einen Schritt weitergehen und eine erste Ablenkung riskieren. Ist Ihr Hund beispielsweise aggressiv gegenüber anderen Hunden, leinen Sie ihn zunächst an und gehen in einer anfänglich noch sehr großen Entfernung, den Hund durch das Superwort und sein Spiel ablenkend, an einem anderen Hund vorbei. Es empfiehlt sich, die Entfernung für den Anfang so groß zu wählen, dass Ihr Hund ohne Superwort durch den Anblick des Artgenossen auch kaum in Wallung geraten wäre.

Läuft die entfernte Begegnung mit dem Einsatz des Superwortes ohne Zwischenfälle ab, sollten Sie dieses Niveau festigen und einige Tage später eine etwas geringere Distanz zum fremden Hund wählen. Der Erfolg bei der vorhergegangenen Übung ist immer ausschlaggebend für das weitere Vorgehen.

Achtung
Jeder Zwischenfall trübt das lustvolle und sorgenfreie Zusammenleben mit dem Hund. Das Superwort darf von Grund auf nur positive Gefühle in Ihrem Hund wecken und nie – auch bei einem Zwischenfall nicht – mit etwas Negativem, wie Strafe oder Missmut gekoppelt werden.

Zeigt der Hund in unserem Beispiel Aggressionen gegen einen Hund, der gerade um die Ecke kommt – wir ihn also nicht schon von Weitem sehen konnten – wäre es am Anfang des Trainings falsch zu versuchen, ihn mit dem Superwort abzulenken, denn die Chance, dass er dann darauf reagiert, ist noch sehr gering. Besser ist es hier, sein Verhalten schlichtweg zu ignorieren. Erst wenn er den anderen Hund völlig vergessen hat und ruhig und ausgeglichen ist, sollten Sie den Hund ohne Ablenkung im fröhlichen Spielton an das Superwort erinnern, um es so mit einer neuen Spielsequenz wieder zu festigen. Wenn Sie merken, dass der Hund gut auf das Superwort reagiert und andere Hunde ignoriert, während er sich auf sein Spiel konzentriert, was zu Beginn nur bei der Begegnung mit weiter entfernten Hunden der Fall sein wird, stärkt dies mit der Zeit auch das Vertrauensverhältnis. Nach und nach erlangen Sie dadurch auch mehr Gelassenheit und neue Zuversicht für eine erfolgreiche Umerziehung Ihres Hundes.

Natürlich kann es auch einmal sein, dass eine Situation misslingt. Nach einem solchen Trainingsrückschlag sollten Sie zunächst die Situationen meiden, die zu dem Fehlverhalten geführt haben, bis die nötige Festigung des Superwortes wieder erreicht ist und Sie neue Ablenkungen provozieren können. Das Superwort muss immer, wenn Sie es einsetzen, überschwängliche Lobkaskaden nach sich ziehen, auch wenn der Hund es schon lange kennt und sich gut verhält. Sonst verliert es seine positive Bedeutung und kann dann nicht mehr in entsprechender Form genutzt werden.

Ist das, was Ihr Hund am liebsten mag, kein Spielzeug, sondern ein bestimmtes Leckerchen, gehen Sie auf ähnliche Weise vor. Sie müssen sich allerdings etwas einfallen lassen, um die Spannung des Hundes lange genug aufrechtzuerhalten, bis Sie an der kritischen Stelle vorbeigegangen sind. Am einfachsten erreichen Sie das durch den Einsatz einer Futtertube oder indem Sie einige Leckerchen in die Hand nehmen und dem Hund im Spiel und unter freudigem Zureden hin und wieder eines geben oder ihn die Leckerchen aus der nahezu geschlossenen Hand herauslecken lassen.

Für das Superwort oder auch für die Schwierigkeit, einen aggressiven Hund zum verträglichen Artgenossen zu machen, gilt ebenso wie für das Ignorieren von anderen zu jagenden

Das Freizeitzeichen – z. B. „Lauf!" – signalisiert dem Hund, dass er nach Lust und Laune losrennen darf.

Tieren, dass der Erfolg oder Misserfolg wesentlich von Ihrem persönlichen Spannungszustand abhängt. Spürt der Hund bei Ihnen Nervosität, wird er leichter ein Fehlverhalten an den Tag legen, als wenn Sie Ruhe, Vertrauen und Gelassenheit ausstrahlen. Versuchen Sie, Ihr eventuell aufkommendes ungutes Gefühl abzubauen, auch wenn Ihr Hund seit geraumer Zeit ein Problemverhalten an den Tag legt. Halten Sie sich lieber die Fortschritte vor Augen, die er bei den bisher schon gelernten Übungen gemacht hat.

34 „Lauf"

Es ist gut, beim Arbeiten mit dem Hund als Ende der Übungsphase ein Freizeitzeichen einzusetzen, das ihm bedeutet, dass er ab jetzt schnüffeln oder herumtoben darf, ohne dass man im Augenblick etwas Konkretes von ihm verlangt. Mit diesem Lautzeichen kommt also für den Hund die Phase, in der er das tun kann, was er möchte. Geben Sie einen neuen Befehl, indem Sie den Hund zu sich heranrufen oder ihn eine Übung machen lassen, endet für ihn die Freizeitphase. Sie können schon von Anfang an, also bereits beim ersten Spaziergang, ein Freizeitzeichen einführen.

Nehmen wir einmal an, Ihr Lautzeichen sei „Lauf", dann sollten Sie dieses Zeichen mit einer zum Laufen animierenden Handbewegung unterstützen. Laufen Sie auch ruhig selbst die ersten paar Schritte mit, damit der Hund Ihre Handlung unmissverständlich als Spielsituation deuten kann. Ihr Hund wird sehr schnell begreifen, dass „Lauf" die Zeit ist, in der er nach Belieben schnüffeln oder toben kann oder in der Sie vielleicht sogar ein Spiel mit ihm beginnen.

Beenden Sie auch jede Positionsübung mit „Lauf", um dem Hund klar zu machen, wann die Übung beendet ist.

Achtung
„Lauf" ist kein Auftrag, sondern die Einladung in die Freizeit. Wenn sich Ihr Hund auf „Lauf" hin nicht in Bewegung setzt, ist dies kein Fehler, denn in seiner Freizeit kann er auch sitzen bleiben, schnüffeln oder andere Dinge tun.

Rufen Sie Ihren Hund zur besseren Gewöhnung öfter einmal grundlos heran – besonders dann, wenn es sich um einen noch jungen Hund handelt oder um einen, der noch nicht lange bei Ihnen ist. Verlangen Sie dann eine ganz einfache Übung wie z. B. „Sitz" oder „Hier ran" (Übungen 3 und 39), schicken Sie ihn danach wieder mit „Lauf" los und lassen Sie ihn eine Weile gewähren. Sowohl der „Job-Auftrag" als auch das Freizeitzeichen werden so über eine freudige Aktion gestärkt.

Einfache Übung mit großer Wirkung: Ein Hund, der am Bordstein stets absitzt und auf Ihr „Los"-Kommando wartet, läuft kaum Gefahr, unter die Räder zu kommen.

35 Verkehrserziehung

Eine besondere Gefahr für frei laufende Hunde ist der Straßenverkehr. Eine kleine Hilfe bei der Erziehung zum verkehrssicheren Hund bieten die Bordsteinkanten, da sie für den Hund optisch gut zu erkennen sind. Es ist hilfreich, sich dies zunutze zu machen und eine innere Hemmung im Hund aufzubauen, den Gehsteig nie ohne Befehl zu verlassen. Hierzu stehen uns verschiedene, bereits bekannte Befehle zur Verfügung.

Die größte Hemmschwelle, seinen Weg fortzusetzen hat der Hund bei „Down", doch stört die aufwändige „Down"-Stellung bei zügigem Spazierengehen erheblich. Anders ist es bei einem bloßen „Steh". Ein stehender Hund wird immer relativ leicht geneigt sein weiterzulaufen, da ein kurzes Arretieren an der Bordsteinkante den Hund kaum beeindruckt. Ein gesundes Mittelmaß ist die „Sitz"-Stellung, da der Hund sie sehr schnell einnehmen oder wieder aufheben kann. Anders als der Blindenhund, der stehen bleibt, um den Bordstein anzuzeigen und den Verkehr abzupassen, soll der verkehrssichere Begleithund nicht ohne Befehl über die Straße laufen. Deshalb ist die zusätzliche Pflicht des Sitzens hier sinnvoll.

Übungsaufbau für das Sitzen an der Bordsteinkante: Führen Sie Ihren Hund an der Leine so an eine Bordsteinkante heran, dass er sie nicht übertreten kann. Verlangen Sie „Sitz" und belohnen Sie die Position. Lösen Sie dann die Übung mit dem Straßenkommando „Los" (siehe unten) auf und überqueren Sie die Straße.

Wiederholen Sie diese Übung an verschiedenen Straßen täglich mehrfach während einer Woche. Verlangen Sie dann mehr von Ihrem Hund, indem Sie das Sitzen an der Straße zu einer Selbstkontrolle-Übung machen. Führen Sie hierzu den Hund wie gewohnt an die Straßenkante, aber erinnern Sie ihn nicht mehr mit Kommando daran, was zu tun ist. Warten Sie geduldig, bis er von alleine „Sitz" macht. Belohnen Sie diese gute Idee Ihres Hundes und lösen Sie die Übung dann wie immer mit dem Straßenkommando auf. Die Verknüpfung ist umso nachhaltiger, je größer der Anreiz für den Hund ist, die Straße zu überqueren. Verhindern Sie Fehler, auch aus Gründen der Sicherheit, durch die Leine, aber manipulieren sie nicht an ihr.

Ziel dieser Übung ist, dass die Bordsteinkante selbst zum Signal für Ihren Hund wird, sich zu setzen. Andernfalls bleibt die Leistung immer von Ihrer Kontrolle, also Ihrem Kommando abhängig.

Verwenden Sie zum darauf folgenden Überqueren der Straße immer dasselbe Wort, z. B. „Los". Üben Sie mit dem fortgeschrittenen Hund ruhig auch einmal mit anderen Worten. Jedes Vergehen, sei es, dass der Hund ganz ohne Befehl oder beim falschen Wort auf die Straße läuft, ahnden Sie mit einem „Pfui" oder, wenn Sie das Training sehr drastisch gestalten wollen, sogar mit den Disc-Scheiben, wenn der Hund sie mit einem Frustrationsgefühl verknüpft hat (vgl. Seite 58).

Mit der Zeit werden Sie erreichen, dass Ihr Hund an der Straße zurückhaltend stehen bleibt, sich auch ohne einen Befehl setzt und wartet, bis Ihr Kommando zum Überqueren der Straße ertönt. Üben Sie dann auf verkehrsarmen Straßen ruhig einmal den Fall, dass Sie den unangeleinten Hund wortlos verlassen, indem Sie die Straßenseite wechseln.

Aber Achtung
Die Sicherheit Ihres Hundes muss gewährleistet sein!

In den seltensten Fällen wird es gelingen, die Verknüpfung Bordstein – Straße völlig fehlerfrei zu vermitteln. Das liegt daran, dass es Straßen mit flachen und hohen Bordsteinkanten gibt und die Verkehrssituationen so vielfältig sind.

Seien Sie unnachgiebig, auch wenn Sie es einmal eilig haben, sonst verderben Sie die gesamte vorherige Arbeit. Nehmen Sie es lieber in Kauf, dass Ihr Hund einmal zögert, einen Weg oder eine Stufe zu überschreiten, und er auf Ihren Abruf wartet, als dass er doch einmal blindlings eine Straße überquert, weil Sie die Übung nicht intensiv und konsequent genug aufgebaut haben.

36 Hundepfeife

Hunde auf ein neutrales Signal wie einen Pfeifton zu trainieren ist besonders einfach und birgt verschiedene Vorteile. Der Entscheidenste ist, dass der Signalton, im Gegensatz zur menschlichen Stimme, keine Emotionen preisgibt. Das Signal ist für den Hund also immer gleich und deshalb auch leichter verständlich. Bei ängstlichen Hunden oder solchen, die bei früherem Ungehorsam schon einmal bestraft worden sind, kann man häufig beobachten, dass sie, sobald sich die Tonlage des Besitzers in Richtung Ärger ändert, nur noch zögerlich kommen und damit unweigerlich weitere Wut heraufbeschwören. Dieses Problem wird beim Einsatz eines Pfeiftons als Signal umgangen.

Sie können das Pfeifen als zusätzliches Rückrufkommando nutzen, das besser funktioniert als ein verbales Kommando, wenn das Training fehlerfrei aufgebaut wurde. Es kann dann auch in kritischen Situationen eingesetzt werden.

Achtung
Der Hund wird gezielt auf den Ton trainiert, den Sie benutzen. Auch innerhalb einer Familie muss daher mit derselben Pfeife oder frequenzcodierten Pfeifen (derselbe Ton) gearbeitet werden. Auch die Tonfolge muss in den Übungen immer gleich sein!

Grundübung: Pfeifen Sie etwa drei Monate lang mehrmals täglich zunächst nur zu Hause und nur direkt bei folgenden Anlässen:

- vor dem Fressen,
- vor dem Spielen,
- vor dem Spaziergang

und vor jeder anderen Situation, die Ihr Hund ganz speziell liebt. Ganz wichtig: Geben Sie in jeder dieser Situationen zusätzlich noch ein schmackhaftes Leckerchen. Achten Sie in dieser Übung darauf, dass weniger als eine (!) Sekunde Zeit zwischen dem Signalton der Pfeife und der Leckerchengabe an Ihren Hund liegt. Das bedeutet, dass sich Ihr Hund in den ersten Übungen immer bereits vorher in Ihrer unmittelbaren Umgebung aufgehalten haben muss!

Pfeifen Sie, wenn Sie sich nicht im gleichen Zimmer befinden wie Ihr Hund. Wenn er kommt, erhält er seine Lieblingsbelohnung. Pfeifen Sie auch in ablenkungsfreien Situationen draußen, aber nur mit dem angeleinten Hund, und belohnen Sie sein Hoch- oder Umschauen sofort mit einem ganz besonders schmackhaften Leckerchen oder seinem Lieblingsspielzeug. Diese beiden Übungen wiederholen Sie gleichzeitig mit der Grundübung mehrmals täglich während weiterer vier Wochen.

Danach gestalten Sie die Übung schwieriger, indem Sie ein Versteckspiel mit dem Hund innerhalb der Wohnung machen. Verstecken Sie sich hinter Türen, unter, hinter oder auf einem Tisch, unter, auf oder hinter dem Bett oder Schrank. Der Pfiff soll für den Hund das Signal sein, sie zu suchen.

Pfeifen Sie draußen den unangeleinten Hund in ablenkungsfreien Situationen zu sich heran. Achten Sie darauf, zunächst nur zu pfeifen, wenn Ihr Hund Sie gerade anschaut. Belohnen Sie ihn für eine erfolgreiche Suche und ein braves Kommen jedes Mal überschwänglich und steigern Sie den Schwierigkeitsgrad entsprechend dem Geschick Ihres Hundes. Üben Sie dieses Spiel wieder für mindestens vier Wochen mehrmals täglich, ruhig auch in Kombination mit der Grundübung.

Wenn Sie das Gefühl haben, dass Ihr Hund die Anforderungen der letzten Übung gut erfüllt,

Mit dem Kommando „Auf den Platz!“ wird der Hund auf seine Decke oder in seinen Korb geschickt.

können Sie langsam den Anspruch steigern. Benutzen Sie die Pfeife nun auch in zunächst leichten, später schwierigeren Ablenkungssituationen. Pfeifen Sie Ihren Hund nicht nur heran, wenn er definitiv kommen soll, sondern immer wieder auch „nur zur Übung“ zwischendurch auf dem Spaziergang. Setzen Sie in dieser Rückrufübung stets Leckerchen von höchster Qualität, aus Hundesicht gesehen, ein. Ein zu frühes Ausdünnen der Belohnung führt zu Leistungseinbußen, denn der Hund lernt die Übung dann nicht unter dem gleichen Maß an positiven Emotionen.

37 „Auf den Platz“

Viele Hunde haben in der Wohnung so etwas wie einen eigenen Platz. Das kann seine Decke, sein Korb oder einfach nur sein Lieblingsfleck auf dem Teppichboden sein. Hier darf der Hund, auch wenn Sie ihn mit „Auf den Platz“ dort hinschicken, stehen, liegen, sitzen, spielen oder beispielsweise am Kauknochen nagen.

Zum Erlernen dieses Befehls reicht es meist, ihn immer wieder mit „Auf den Platz“ zu seinem Platz zu bringen und dort zu belohnen. Kombinieren Sie nötigenfalls die Befehle „Bleib“ und „Auf den Platz“ und schicken Sie auch den bei Tisch bettelnden Hund konsequent „Auf den Platz“. Für einen Trainingsanfänger ist es keine Schande, auch hier die Leine als Hilfsmittel einzusetzen und den Hund für die Dauer des Trainingsdurchlaufs am Platz festzumachen, um etwaige Fehler wie das eigenständige Verlassen des Platzes zu verhindern.

Achtung
Lassen Sie den Hund nicht unbeaufsichtigt, wenn er mit der Leine festgebunden ist!

Achten Sie darauf, dass der Hund den ihm zugewiesenen Platz auch mag, denn es soll sein spezieller Platz werden, auf dem er sich wohlfühlt und der keine Strafe für ihn darstellen soll. Hunde sind sensibler als Menschen und sträuben sich oft aus unersichtlichen Gründen gegen bestimmte Plätze – vielleicht aufgrund einer dort entlanglaufenden Wasserader oder Ähnlichem. Die meisten Hunde lieben einen Platz, von dem aus sie alles überblicken können, wie im Flur, oder einen ruhigen Ort unter dem Schreib- oder dem Küchentisch, wenn auf dem für Hundekrallen sehr glatten und auch sonst wenig bequemen Boden ein Stück Teppich oder eine Decke liegt. Solange der Hund diese Plätze nicht bewacht oder verteidigt, ist dagegen nichts einzuwenden. Die Übung „Auf den Platz" kann auch als Denksportaufgabe trainiert werden. In diesem Fall ist die Trainingsbeschreibung wie unter „Voraus" (Übung 14) beschrieben anwendbar.

38 „Achtung"

Hilfreich zur **Konzentrations- und Motivationsförderung** ist ein Reizwort wie beispielsweise „Achtung", das immer vor Übungen benutzt wird, die eine gesteigerte Aufmerksamkeit verlangen. Anders als das Superwort ist es aber nicht zwangsläufig mit einem Lob oder einer Belohnung gekoppelt, sondern zeigt dem Hund lediglich an, dass eine Aufgabe folgt, auf die er sich konzentrieren soll.

Trainieren Sie „Achtung" zunächst mit Übungen, die Ihr Hund ganz besonders liebt.

Lassen Sie ihn zuerst absitzen und geben Sie dann einen mit „Achtung" gekoppelten Befehl, wie „Achtung Fido, such den Handschuh". Schon bald wird Ihr Hund „Achtung" mit einem darauf folgenden Befehl verknüpft haben und sich Ihnen auch dann interessiert zuwenden, wenn Sie nur „Achtung" gesagt haben. Nutzen Sie dann die hundertprozentige Aufmerksamkeit Ihres Hundes für den anschließenden Befehl oder die danach zu absolvierende Übung aus.

39 Grundstellungen „Hier ran" und „Fuß"

Die Grundstellung ist im Hundetraining eine gängige Position, bei der der Hund (im Sport links geführt) eng und parallel an der Seite des Besitzers sitzt. Wenn der Hund links bei „Fuß" geführt wird, kann die Grundstellung links auch über das Kommando „Fuß" abgerufen werden. Für die rechte Seite könnte dann der Befehl „Hier ran" gewählt werden. Letztendlich entscheiden Sie sich aber für ein passendes Kommando und binden es so, wie Sie es aufbauen möchten, in Ihr Training ein. Über folgenden Weg können Sie dem Hund die Bedeutung der engen Grundstellung gut vermitteln:

Lassen Sie den Hund aus einer frontalen oder seitlichen Position startend hinter Ihren Beinen um Sie herumgehen. Halten Sie hierbei das Lockleckerchen eng an Ihrem Körper, aber auf der Außenseite der Hundeschnauze. Auf diese Weise bleibt Ihr Hund dichter an Ihrer Seite. Ziehen Sie es, wenn Ihr Hund mit seiner Schulter auf der Höhe Ihres Beines ist, etwas in

Bei „Hier ran!" muss sich der Hund richtig an Ihr Bein schmiegen.

die Höhe, damit er „Sitz" macht. Jetzt geben Sie es ihm. Kraulen Sie ihn nun (vorausgesetzt, er mag körperliche Berührungen) an Ihr Bein (s. Abbildung). Geben Sie ihm in direkter körperlicher Nähe nochmals ein Leckerchen.

Diese Übung verstärkt die Bindung zu Ihrem Hund durch die bei der Ausführung erforderliche Nähe. Für ängstliche sowie sehr forsche Hunde ist die Übung gleichermaßen geeignet, denn sie vermittelt zum einen ein Gefühl von Sicherheit und Obhut, zum anderen hilft sie, die Beziehung zu einem unabhängigen Hund zu intensivieren. Gerade die besonders unabhängig wirkenden Hunde sind es, die ihre volle Leistung erst unter konsequenter Führung erbringen werden.

Diese Übung kann für alle clickererfahrenen Hunde auch sehr gut frei geformt werden (siehe Literaturvorschläge im Anhang).

40 „Down"

Der Befehl „Down" wird oft bei der Jagd verwendet und dient dort dazu, den Hund aus der Hatz heraus zu stoppen. Für den normalen Begleithund kann dieser Befehl möglicherweise einmal lebensrettend sein, wenn er beispielsweise einer Katze nachrennt und dabei in ein Auto zu laufen droht. Diesen Befehl kann man mit dreierlei Signalen koppeln: mit dem verbalen Lautzeichen „Down", dem Trillerton einer Hundepfeife und dem Sichtzeichen. Dabei streckt man einen Arm mit offener Hand gerade nach oben. Bei der Jagd oder auf dem Spaziergang hat dieses Sichtzeichen den Vorteil, noch von weitem erkennbar zu sein.

„Down" wird leicht aus der „Platz"-Stellung heraus gelernt. Es gilt, dem Hund zu vermitteln, den Kopf flach auf den Boden zu legen, am besten zwischen die Vorderpfoten. Dem jagdlich unerfahrenen Hundeführer mag das zunächst vielleicht etwas seltsam vorkommen, doch lässt sich die Bedeutung dieser ungewöhnlichen Stellung leicht erklären. Die ganze Aufmerksamkeit und Konsequenz muss bei diesem Befehl darauf gerichtet werden, dass sich der Hund sofort nach dem Befehl auf den Boden legt und den Kopf herunternimmt. Hieraus zieht man mehrere Vorteile:

Beim Befehl „Down!" muss sich der Hund sofort ganz flach auf den Boden werfen und auch den Kopf zwischen die Pfoten legen. Dabei verliert er das Wild aus den Augen und hört konzentriert auf Ihre Kommandos. Aus der Platz-Stellung lässt sich der Befehl „Down!" gut erlernen.

Zum einen ist die „Down"-Stellung ein ungleich größeres Hemmnis für den Hund weiterzulaufen, als wenn er nur stehen bleiben muss. Den Kopf herunterzunehmen birgt den weiteren Vorteil, dass der Hund das Gejagte meist nicht mehr sehen kann und somit den visuellen Reiz zur Jagd verliert. Die Komplexität dieser Übung – der Hund muss zunächst stoppen, sich dann hinlegen, den Kopf herunternehmen und noch dazu alles so schnell wie möglich ausführen – bedeutet aber auch, dass wir im Ernstfall mehr Spielraum haben. Beispielsweise vor einem Unfall, selbst wenn die Übung als solche nicht korrekt ausgeführt wurde. Das heißt, auch wenn der Hund den Kopf nicht auf den Boden legt, ist er dennoch stehen geblieben oder hat sich hingelegt. Bei dem Befehl „Steh" hingegen würde eine schlampige Ausführung bereits bedeuten, dass er doch weiterläuft.

Beim Einüben des Befehls „Down" muss allerdings auch die kleinste Schlamperei des Hundes schrittweise ausgemerzt werden, denn er soll „Down" als sofortige Sperre für alle anderen Aktionen anerkennen und sofort flach am Boden verharren. Nur ein sauber und konsequent erlernter Befehl wird so im Ernstfall einmal eine Katastrophe verhindern können.

Am besten teilt man die Übung in verschiedene Phasen ein.

Zunächst muss der Hund begreifen, auf „Down" aus der „Platz"-Stellung heraus den Kopf flach auf den Boden zu legen. Dies kann der Hund auf ganz verschiedenen Wegen lernen. Ein Hund, der das freie Formen kennt, kann dies über den Clicker lernen, ein anderer auch durch Manipulation, was den Nachteil mit sich bringt, die Berührung im Generalisierungstraining zu berücksichtigen und wieder abzutrainieren. Für Letzteres gilt: Drücken Sie hierzu mit gleichmäßigem Druck unter dem Kommando „Down" den Kopf des Hundes aus der Liegeposition „Platz" auf den Boden, indem Sie mit einer Hand seinen Hinterkopf umfassen. Belohnen Sie ihn ruhig mit Leckerchen, die ganz dicht am Boden angeboten werden, damit der Hund den Kopf immer noch tief am Boden hält. Die „Down"-Stellung muss Ihrem Hund in Fleisch und Blut übergehen. Im nächsten Lernschritt geht es dann darum, den Hund auf „Down" zu veranlassen, sich aus dem Stand hinzulegen.

Seien Sie auch hierbei absolut unnachgiebig. Arbeiten Sie erst dann mit dem Kommando, wenn Sie sicher sind, dass der Hund wirklich verstanden hat, was Sie von ihm erwarten. „Down" ist kein Befehl, auf dessen Ausführung man warten kann. Ziel ist: Der Hund muss sofort liegen. Unsaubere Ausführungen wie das Auf-den-Boden-Legen des Kopfes neben die Pfoten oder Ähnliches ist allerdings kein Grund zu verzagen; es zählt hier nicht die Formschönheit der Ausführung, sondern die Schnelligkeit. Gerade dieses Detail kann mit dem Clicker besonders gut ausgearbeitet werden.

In der zweiten Phase lassen Sie den Hund aus dem Gehen und Laufen heraus „Down" machen. Auch hier führt Konsequenz zum Erfolg. Korrigieren Sie bei Bedarf mit dem Korrekturwort, falls der Hund die Übung nicht ordentlich absolviert, aber gehen Sie dann noch einmal einige Lernschritte zurück. Fehler sind immer ein Zeichen dafür, dass der Hund die Übung nicht wirklich verstanden hat. Belohnen Sie ihn stets überschwänglich, wenn er alles richtig gemacht hat! Den Kopf aufnehmen oder gar aufstehen darf der Hund erst auf Befehl, beispielsweise das Freizeitkommando „Lauf" oder eine andere Übung. Befindet sich der Hund in einiger Entfernung, sollten Sie ihn am besten dort abholen, wo er in der „Down"-Stellung verharrt. Er verknüpft den Befehl dann damit, dass er sich nicht alleine aus dieser Stellung wegbewegen darf.

In der dritten Phase, wenn der Hund die Übung im Grunde schon gut beherrscht, gilt es, die Übung zwischendurch immer wieder einmal zu verlangen und notfalls zu korrigieren, wenn es nicht richtig klappt. Üben Sie hier in den ersten Lernschritten im fortgeschrittenen Sektor mit dem angeleinten Hund! Die „Down"-Übung sollte dem Hund auf ähnliche Weise wie das Superwort in Fleisch und Blut übergehen, damit Sie auch im Ernstfall immer auf die korrekte und schnelle Ausführung zählen können.

41 „Laut" und „Leise"

Auf Kommando Laut zu geben kann eine interessante Übung sein. Es gibt nur wenige Hunde, die von sich aus nicht bellen. Diese werden sich bei dieser Übung etwas schwerer tun als die anderen.

Passen Sie eine Situation ab, in der Ihr Hund sowieso bellt. Das ist z. B. dann der Fall, wenn beim Apport-Spiel, etwa mit einem Ball, nach Meinung des Hundes bis zu Ihrem erneuten Wurf zu viel Zeit vergeht, obwohl Sie den Hund durch Antäuschen und Hüpfen zum Spiel ermutigen. Koppeln Sie das Bellen immer mit dem Befehl „Laut", der im Idealfall vor dem Bellen kommen sollte und loben Sie ausgiebig. Bald wird Ihr Hund die Verknüpfung hergestellt haben.

Eine andere Methode ist, den Hund einige Zeit hungern zu lassen und sich dann mit auffällig duftendem Futter, wie etwa einer frischen Wurst oder Ähnlichem, vor ihn hinzusetzen, ihm das Futter zwar anzubieten, aber nicht zu geben und ihn mit den Worten „Oh, guck mal, ist das lecker, mmmh" anzureizen, bis er früher oder später einen Laut von sich gibt – und sei es noch so leises Piepsen. Loben Sie dies ausgiebig mit „Laut", „Brav" und lassen Sie ihn dann einen Happen fressen, bevor Sie auf die gleiche Weise fortfahren.

Den Befehl „Leise" als Ende des Bellens zu vermitteln, gestaltet sich etwas schwieriger. Oft hilft es aber schon, den Reiz – hier den Ball – verschwinden zu lassen, um den Hund vom Bellen abzubringen. Loben Sie ihn kräftig, wenn er aufgehört hat zu bellen und belohnen Sie ihn mit einer „Ruhebelohnung", also einer Knabberei, für die er etwas länger braucht, um auch von einer noch möglichen Restaufregung ganz herunterzukommen und nicht nach einem einzigen Leckerchen etwa weiterzubellen.

Eine weitere Möglichkeit ist die, dem Hund nach einem leisen und langsam gesprochenen „Leise" in loser Folge mehrere kleine Leckerchen zuzustecken, sodass er zwangsläufig mit dem Bellen aufhören muss, um sie zu fressen.

42 „Auf die Seite"

Richtungsanweisungen sind im Alltag hilfreich. Sie können so den Hund je nach Situation leicht hin- und herdirigieren. Immer wieder praktisch ist dieser Befehl auch im Zusammenhang mit dem Fahrrad, wo es in engen Gassen, beispielsweise beim Schieben oder Ähnlichem, öfter erforderlich ist, den Hund auf die eine oder andere Seite zu lotsen.

Mit der Übung „Auf die Seite" soll erreicht werden, dass sich der Hund auf Zuruf und durch zusätzliches Anzeigen einer Seite an den angewiesenen Wegrand oder, falls erwünscht, mit den entsprechenden Kommandos („Hier ran" oder „Fuß") an Ihre rechte oder linke Seite in die Grundstellung begibt.

Mit dem Befehl „Auf die Seite!" können Sie den Hund auch dann richtig dirigieren, wenn es auf dem Weg eng wird oder Fahrradfahrer entgegenkommen.

Eine Vorbereitung der Übung ist, dem Hund das Stehen oder Sitzen sowohl an Ihrer linken als auch an Ihrer rechten Seite beizubringen, auch wenn er es unter Umständen schon gewöhnt ist, ausschließlich links zu laufen (s. Übung 39: Grundstellungen „Hier ran" und „Fuß").

Zunächst also zur Trainingsvariante in Ihrer direkten Nähe: Rufen Sie Ihren Hund hierzu zu sich und lassen Sie ihn zunächst an der linken Seite sitzen. Gehen Sie gemeinsam los und sagen Sie im Gehen und beim folgenden Stehenbleiben „Fuß", indem Sie sich aufmunternd auf den linken Schenkel klopfen und den Hund belohnen. Dasselbe wiederholen Sie mit der rechten Seite und dem Kommandowort „Hier ran".

In der zweiten Phase lassen Sie Ihren Hund frontal absitzen und rufen ihn nun mit „Fuß " oder „Hier ran" zu sich, indem Sie die gewünschte Seite durch ein Klopfen mit der Hand auf Ihren Schenkel anzeigen. Loben Sie den Hund überschwänglich, wenn er die richtige Seite eingeschlagen hat und neben Ihnen steht oder sitzt.

Später können Sie die Übung abändern, indem Sie frei mit dem ausgestreckten Arm nur noch die Richtung anzeigen. Zur Unterstützung können Sie mit den Fingern schnippen, um durch das Lautzeichen den Blick auf den ausgestreckten Arm noch zu unterstützen.

Nun zu einer anderen Trainingsvariante, bei der der Hund zwar auf die Seite geht, aber in einer gewissen Distanz von Ihnen am Wegrand stehen bleiben soll. Hierzu zunächst ein alltägliches Beispiel für den Einsatz: Stellen Sie sich vor, Sie lassen Ihren Hund im Gelände frei laufen und er läuft etwa 20 Meter vor Ihnen auf dem Weg. Plötzlich kommt eine Schulklasse auf Fahrrädern angefahren und Sie müssen reagieren, um einen Unfall Ihres Hundes mit einem der Radfahrer zu vermeiden. Ein einfaches „Steh" führt dazu, dass der Hund mitten auf dem Weg stehen bleibt und somit weiter in der Gefahrenzone bleibt. Können Sie ihn jedoch auf Distanz dirigieren, wird er sich an den von Ihnen angezeigten Wegrand begeben.

Lassen Sie Ihren Hund mitten auf einem Weg „Bleib" machen. Gehen Sie selbst an den rechten oder linken Wegrand und legen Sie dort ein Zielobjekt aus, beispielsweise Futter oder ein Spielzeug. Treten Sie nun frontal vor den Hund und weisen Sie mit dem ausgestreckten Arm in die Richtung des Zielobjektes, das Sie zur Hilfe bei diesem Übungsaufbau verwenden. Weisen Sie ihn mit „Auf die Seite" an, sich dem Zielobjekt zu nähern und es aufzunehmen. Sollte er sich Ihnen danach nähern wollen, korrigieren Sie mit „Bleib". Gehen Sie zügig, aber in unbedrohlicher Art zu Ihrem Hund, wenn er am Wegrand bzw. am Zielobjekt angekommen ist, um ihn dort zu belohnen. Mit dem Clicker können Sie Ihrem Hund auch hier besonders leicht vermitteln, was genau Sie von ihm möchten. Üben Sie dieses Einweisen nach rechts und links an den Wegrand nach und nach mit steigenden Distanzen zwischen sich und dem Hund, um im Ernstfall gewappnet zu sein und den Hund gut auf Distanz führen zu können.

43 „Zurück"

Das Rückwärtslaufen ist im Alltag immer wieder praktisch einzusetzen, beispielsweise wenn eine Tür geöffnet werden soll, der Hund aber zu nah davorsteht. Will er selbst durch diese Tür hindurch, ist es leichter, ihn durch „Zurück" ein wenig zurückweichen zu lassen, als ihn durch „Hier" oder einen anderen Befehl zum Wegbewegen von der Tür zu veranlassen.

Auf den Befehl „Zurück" soll der Hund möglichst gerade rückwärts gehen. Achten Sie darauf, dass es durch das Rückwärtsgehen nicht zu Zwischenfällen kommt und der Hund etwa stolpert oder sich auf andere Art und Weise erschreckt, denn dann verliert er in den meisten Fällen, zumindest eine Zeit lang, den Spaß an dieser Übung.

Besonders leicht können Sie dem Hund den Befehl vermitteln, indem Sie mit ihm zum Training dieses Befehls in einen sehr engen Gang gehen oder sich provisorisch einen kleinen Gang bauen, der oben, hinten und vorne offen und an den Seiten mindestens hundhoch sein muss. Lassen Sie den Hund in den Gang hineinlaufen und kommen Sie ihm vom entgegengesetzten Ende her entgegen oder stellen Sie sich frontal zum Hund hin. Gehen Sie nun langsam auf Ihren Hund zu und sagen Sie das Kommandowort „Zurück" bei jedem Schritt, den Ihr Hund rückwärts läuft. Auch diese Übung können Sie mit einem Sichtzeichen kombinieren. Loben Sie ihn dabei oder belohnen Sie ihn nach ein paar Schritten auch mit einem Leckerchen. Das Rückwärtsgehen kann mit dem Clicker auch ohne derartige Hilfestellung sehr leicht trainiert werden (siehe Spezialliteratur z. B. Dogdance im Anhang).

Loben Sie Ihren Hund in der zweiten Trainingsphase vor allem für selbstständiges Mitarbeiten. Verringern Sie nach und nach die Hilfe, indem Sie immer weniger auf ihn zugehen. Eine tolle Belohnung, wenn er eigenständig auf Ihr Kommando hin ein paar Schritte rückwärts läuft, darf auf keinen Fall fehlen! Dehnen Sie erst dann schrittweise die Distanz aus.

44 Schnelles und langsames Gehen

Wie schon in den Übungen 7 („Fuß") und 1 (Leinenführigkeit) erläutert, hat es in bestimmten Fällen viel für sich, wenn sich der Hund dem Tempo des Hundeführers anpasst.

Dies können Sie gezielt üben, indem Sie ein kurzes Stück rennen und dabei den Hund durch „Tempo" und durch Klopfen auf Ihren Schenkel oder durch In-die-Hände-Klatschen dazu anhalten mitzurennen. Im umgekehrten Fall gehen Sie besonders langsam und veranlassen durch „Langsam" den Hund dazu, sich Ihrer Geschwindigkeit anzupassen. Langsames Gehen erfordert – besonders bei jungen Tieren – mehr Konzentration. Deshalb können Sie Ihrem Hund entgegenkommen, indem Sie „Langsam" in sehr unwegsamem Gelände üben, wo er sowieso nicht schnell laufen kann.

Die Begriffe „Tempo" und „Langsam" sind hervorragend für den Einsatz bei Führigkeit auf Distanz geeignet (s. Übung 16: Spring, Übung 56: Wagen ziehen und die Tunnelübungen 106 und 107).

Handlanger-Jobs

Mit einem apportierfreudigen Hund können Handlanger-Jobs besonders leicht umgesetzt werden, denn Sie können ihn im Alltag besonders viele, teils wirklich nützliche Dinge erledigen lassen. Vor jeder Apport-Übung muss der Hund jedoch mit dem Gegenstand bekannt gemacht werden.

Aber auch weniger apportierfreudige Hunde können alltägliche Aufgaben übernehmen. Für jedes Talent ist etwas dabei.

45 Leine

Eine der einfachsten und gleichzeitig meist sehr beliebten Aufgaben ist der Apport der Leine. Verknüpfen Sie die erfolgreich ausgeführte Übung mit einem anschließenden Spaziergang, wird Ihr Hund schon nach wenigen Übungen die Verknüpfung hergestellt haben und Ihrer Aufforderung stets freudig nachkommen. Nach einiger Gewöhnung wird er möglicherweise von selbst einmal die Leine bringen, wenn er spazieren gehen oder spielen will. Gehen Sie dann sofort mit ihm nach draußen. Auf diese Weise gewöhnen Sie ihm an, seine Bedürfnisse mit dem Apport der Leine anzuzeigen. Aber halten Sie Maß. Wenn er sich versäubern muss, ist dies sehr praktisch. Eine ausgedehnte Runde muss es nicht geben, wenn der Hund das möchte, sondern nur, wenn Sie es so bestimmt haben!

Ein weiterer praktischer Gebrauch ist das Aufheben der Leine und das ordentliche Ausgeben auf Befehl. Dies können Sie sich zunutze machen, wenn Ihnen die Leine einmal aus der Hand gefallen ist und Sie sich nicht bücken können, weil Sie schwer bepackt sind oder Ähnliches.

Deponieren Sie die Leine stets an einem ohne Mühe zugänglichen Ort (z. B. am Schirmständer) und veranlassen Sie zunächst durch Zeigen unter „Die Leine, Apport" den Hund zum Apport. Hilfreich ist es, wenn der Hund die Leine schon ein paar Mal tragen oder halten durfte.

Festigen Sie die Übung nach und nach, indem Sie Hilfestellungen wie das Zeigen weglassen. Entfernen Sie sich dann immer mehr von der Leine, bis Ihr Hund Ihnen auf Ihren Befehl hin eilig die Leine bringt, auch wenn Sie beispielsweise im Keller oder in einem entlegenen Zimmer sind.

Das Anreichen der Leine ist variabel. Bei großen Hunden empfiehlt es sich, sie den Hunden unter „Aus", „Brav" abzunehmen, bei kleineren Hunden kann man noch die Variante dazwischenschalten, dass der Hund sich mit der Leine im Fang auf die Hinterbeine stellt und sie Ihnen so anreicht. Auf diese Weise entfällt für Sie das Bücken.

Um negative Erfahrungen von vornherein zu vermeiden, ist bei dieser Apport-Übung auf jeden Fall darauf zu achten, dass die Leine so bereit liegt, dass der Hund weder stolpern kann noch irgendwo hängen bleibt.

Die einfachste Möglichkeit ist, die Leine je nach Länge doppelt oder öfter zu falten und dann einen lockeren Knoten zu machen, sodass der Hund sie als Knäuel apportieren kann.

46 Aufräumen

Dem apportierfreudigen Hund kann man mit wenig Mühe beibringen, Gegenstände „aufzuräumen“. Das bedeutet, dass Ihr Hund die von Ihnen bestimmten Gegenstände aufnehmen und, statt sie Ihnen zu bringen, in den jeweiligen von Ihnen angezeigten Behälter fallen lassen soll. Das kann beispielsweise ein Mülleimer sein, in den er auf dem Spaziergang aufgesammelten Unrat wie Büchsen, Papier oder Plastiktüten ausgibt. Sie leisten so auf Ihrem Spaziergang gleich noch einen aktiven Beitrag zum Umweltschutz. Sie können Ihren Hund aber auch seine Kauknochen, Bälle und Ziehtaue eigenständig in seinen Korb räumen lassen, bevor Sie saubermachen.

Zum Erlernen des Befehls müssen Sie den Hund zunächst dazu bringen, auf Ihr Handzeichen hin den jeweiligen Gegenstand zu apportieren. Parallel dazu können Sie ihm beibringen, an einem Mülleimer einen schon gewohnten Apport-Gegenstand – wie einen Ball – auf Ihren Befehl hin so auszulassen, dass er dort hineinfällt. Kleinen Hunden muss man zunächst beibringen, am Eimer hochzustehen, damit sie die Dinge überhaupt hineinwerfen können. Für den Anfang empfiehlt es sich, den Mülleimer zwischen sich und den Hund zu bringen, sodass der Ball sicher hineinfallen kann, sobald der Hund ihn ausgibt. Wenn Sie

Ganz schön praktisch: ein Hund, der aufräumt!

mit einem Ball oder einem anderen harten Gegenstand üben, sollten Sie dafür sorgen, dass der Eimer nicht leer ist, damit es nicht scheppert. So vermeiden Sie, dass der Hund sich erschreckt, was sensiblen Hunden in der Anlernphase die Freude an der Übung verleiden kann.

47 Telefon

Recht einfach ist es auch, dem Hund für den echten Einsatz oder als Gag das Apportieren eines schnurlosen Telefons oder des Handys beizubringen.

Für den Anfang sollten Sie das Telefon auf den Boden stellen, um die Übung nicht unnötig zu erschweren. Machen Sie dem Hund das Telefon zunächst durch die „Halten“-Übung vertraut. Stellen oder hocken Sie sich vor das Telefon und veranlassen Sie unter „Telefon, Apport“ den Hund dazu, Ihnen den Hörer zu brin-

Das Aufräumen ist ein Apport-Spiel, das in drei Stufen geübt wird:

1 *Den Gegenstand aufnehmen.*

2 *Den Gegenstand zum Papierkorb bringen und* **3** *ihn hineinfallen lassen.*

gen. Lassen Sie ihn sauber ausgeben, wobei Ihnen die beiden unter „Leine“ beschriebenen Möglichkeiten zur Verfügung stehen.

Den in dieser Übung schon fortgeschrittenen Hund kann man weiter fordern, indem man beim schnurlosen Telefon die Distanz vergrößert oder aber den Befehl stets mit dem Läuten des Telefons koppelt.

Es bleibt Ihnen überlassen, ob der Hund selbstständig auf das Telefonklingeln reagieren soll oder ob Sie ihn den Hörer immer nur auf Ihren Befehl hin abheben lassen. Das selbstständige Abheben erfordert viel Training. Dabei ist es nicht notwendig, den Klingelton in einer für unser Ohr abgestimmten Lautstärke ertönen zu lassen. Eine weitaus geringere Lautstärke reicht aus, denn der Hund reagiert aufgrund seines besseren Gehörs durchaus auch auf ein leiseres Geräusch.

48 Zeitung, Brötchen, Einkäufe, Regenschirm

Nahezu jeder Hund, der die Apport-Übung beherrscht, hat Spaß daran, Dinge zu transportieren. Diese Tatsache können Sie sich leicht zunutze machen, indem Sie Ihren Hund beispielsweise auf dem morgendlichen Spaziergang die frisch gekauften Brötchen oder die Tageszeitung nach Hause tragen lassen. Er wird umso begieriger sein, die Aufgabe zu erfüllen, je mehr Bedeutung Sie der Aktion beimessen.

Loben Sie ihn während des Tragens kräftig und vermitteln Sie ihm das Gefühl, enorm wichtig zu sein. Das stärkt sein Selbstvertrauen und erhöht die Freude bei dieser Arbeit. Die Zeitung, den Regenschirm, die Brötchen oder ähnliche leichte Gegenstände kann jeder Hund tragen. Besonders kräftige Hunde sind in der Lage, auch Einkäufe wie Obst oder ähnlich Schweres zu transportieren. Reichen Sie Ihrem Hund die Gegenstände in einer für ihn leicht zu umfassenden Form, Zeitungen also aufgerollt, Einkäufe in einem Henkelkorb usw.

Üben Sie mit sperrigen Gegenständen, etwa einem Schirm und trainieren Sie das Gehen und Tragen auf einer Treppe, an einem Lattenzaun vorbei und durch enge Türen. Halten Sie ihn mit „Langsam“ dazu an, nichts zu überstürzen. Sie werden sehr erstaunt sein, wie gut ein Hund Längen einschätzen und wie geschickt er sich auch durch kniffelige Situationen schleusen kann. Ein weiteres Erschwer-

Die Zeitung bringen? Für Tinta kein Problem!

Ein apportierfreudiger Hund trägt sogar Ihr Köfferchen, wenn es nicht zu schwer ist!

nis beim Gehen auf der Treppe ist es, dem Hund eine verhältnismäßig lange Tüte oder Ähnliches zu geben, die zwangsläufig an jeder Treppenstufe anstößt. Jeder Hund entwickelt bei diesen Schwierigkeiten seine ihm eigene Technik: Der eine geht schräg, der andere zieht sie von oben usw. Lassen Sie in solchen Situationen Ihrem Hund freie Hand und stehen Sie stets mit einer kleinen Belohnung und einem dicken Lob bereit, wenn er Ihnen den jeweiligen Gegenstand sauber ausgegeben hat.

49 Postbote

Wenn Sie Familie haben, können Sie Ihren Hund leicht zum Boten machen. Hierzu ist es notwendig, dem Hund bestimmte Begriffe, wie etwa Küche oder die Namen der Familienangehörigen, zu vermitteln. Beschränken Sie sich für den Anfang auf eines von beidem, etwa auf eine Person.

Besprechen Sie die Übung mit der jeweiligen Person und weihen Sie dann den Hund ein, indem Sie immer, wenn Sie in der Wohnung der betreffenden Person begegnen, den Namen nennen, zusammen kurz stehen bleiben und den Namen nochmals wiederholen. Nach einigen Tagen können Sie sich dann in einem Zimmer gegenübersetzen und nun den Hund etwa unter „Zu Gila" losschicken. Gila darf und soll den Hund rufen und loben. Er muss dort eine Weile verharren und kann dann von Ihnen abgerufen werden. In der ersten Lernphase ist es vorteilhaft, wenn man sich auf einen Namen beschränkt. Weitere Namen können erarbeitet werden, wenn er sich seiner Sache bereits ganz sicher ist.

Die nächste Phase dieser Übung besteht darin, den Hund nach dem Anreichen eines Apportels wieder mit „Zu Gila, Apport" loszuschicken. Bei Gila muss er den Gegenstand sauber auf Befehl ausgeben und dort verharren, bis entweder Sie ihn abrufen oder aber Gila die Übung mit dem Freizeitzeichen „Lauf" beendet, nachdem der Hund ausgiebig gelobt wurde. Nach und nach können Sie die Übung erschweren, indem Sie zunächst die Distanz vergrößern, später, indem andere Personen den Weg kreuzen. Weihen Sie Ihre ganze Familie ein, sodass die Personen, die Ihr Hund auf dem Weg zu Gila zufällig trifft, ihn entsprechend mit „Nein, zu Gila, Apport" korrigieren und weiterschicken können.

Kniffelig ist der Transport von Lebensmitteln, beispielsweise eines lecker duftenden Brötchens in einer Papiertüte. Üben Sie auch das, aber erst, wenn Ihr Hund schon viel Sicherheit bei der Übung an den Tag legt. Korrigieren Sie sofort mit „Nein, Apport", wenn Sie ihn dabei ertappen, sich über den Apport-Gegenstand herzumachen, statt ihn ordentlich abzuliefern. Schimpfen Sie aber nicht, wenn Sie irgendwelche „Überreste" erst später entdecken.

Bereitet diese Erweiterung der Übung Schwierigkeiten, gehen Sie noch einmal zu der Phase zurück, in der Sie und die bezeichnete Person im gleichen Zimmer sind. Auf diese Weise können Sie direkt eingreifen. Geben Sie dem Hund einen kleinen Happen des Transportguts, beispielsweise des Brötchens, nach Abschluss der Aktion ab. So vermitteln Sie ihm, dass es ein absolutes Tabu ist, sich selbst zu bedienen und es in Ihrem Ermessen liegt, ihm die jeweilige Portion zuzuteilen, wenn er seine Aufgabe ordentlich vollendet hat.

50 Wäsche anreichen

Besonders viel Freude bereitet es meinen beiden Hunden Luna und Tinta stets, wenn ich auf dem Weg in die Waschküche einen Strumpf oder etwas anderes verliere und sie mir das Wäschestück hinterhertragen und anreichen können, denn sie werden für die außerordentlich nützliche Arbeit stets durch ein besonders überschwängliches Lob belohnt.

51 Schubladen öffnen

Das Öffnen von Schubfächern entstammt dem Bereich der Begleithunde für körperlich behinderte Menschen. Es kann praktische Anwendung finden, wenn man sich vom Hund aus der geöffneten Schublade etwas bringen läßt – zum Beispiel die Leine vor dem Spaziergang. Erfahrungsgemäß machen Hunden solche Jobs großen Spaß, vor allem wenn für Sie ein echter persönlicher Erfolg dabei herausspringt. Derartige Späße sind für den Hund ein Garant für Anerkennung. Auch Außenstehende können leicht in Staunen versetzt werden. Bedenken Sie jedoch, dass für diese Übung ein sauberer Trainingsplan essenziell ist und die Übung unter Signalkontrolle gesetzt werden sollte, denn sonst könnte es sein, dass er später selbständig Schubladen öffnet, in denen beispielsweise seine Leckerchen oder andere Lebensmittel aufbewahrt werden. Diesem Problem können Sie auch dadurch entgegenwirken, dass Sie im Training stets nur ein und dasselbe Schubfach öffnen lassen und alle weiteren mit einem Tabu belegen.

Achtung
Achten Sie auf die Sicherheit Ihres Hundes und wählen Sie ein Schubfach mit einem Zugstop, sodass er die Schublade nicht ganz herausziehen und sich möglicherweise verletzen kann.

Zum Erlernen dieses Befehls müssen Sie sich zunächst vor Augen halten, dass die Schubfachknäufe mitunter nicht so ideal dafür geschaffen sind, einen Hund hineinbeißen zu lassen. Hier kann man sich einiger Tricks bedienen. Probieren Sie zuerst aus, wie der Hund beim Festhalten des Knaufes reagiert. Zeigt er sich auch nach einigen Übungstagen noch zögerlich, binden Sie ein Stück feste und etwas dickere Schnur oder ein breites Lederband an den Knauf, sodass der Hund künftig nur noch an diesem ziehen muss. Sind Ihre Möbel aus Holz, ist dieses Verfahren besonders zu empfehlen, um hässliche Zahnabdrücke zu vermeiden. Das Band kann man in einer vorangegangenen Übung dem Hund vertraut machen – beispielsweise durch „Halten" (Übung 11). Ist es später am Schubfachknauf befestigt, geben Sie dem Hund den Befehl „Schublade" und „Apport" und zeigen ihm das Band. Nach und nach streichen Sie den Zusatz „Apport", sodass „Schublade" für den Hund die richtige Bedeutung erlangt.

In der zweiten Phase dieser Übung sollten Sie den Hund dazu bringen, Ihnen etwas aus der Lade zu apportieren. Hierzu darf das auserkorene Schubfach nicht zu hoch gewählt werden, damit der Hund, wenn er am Schubfach aufsteht, noch in der Lage ist, mit der Schnauze die innen liegenden Dinge zu erfassen. Ideal ist die Höhe des Schubfaches, wenn sie genau auf einer Ebene mit der Höhe der Schnauze liegt, da das Öffnen der Schublade dann für den Hund aufgrund des richtigen Winkels am einfachsten ist. Lassen Sie ihn zusehen, wie Sie seinen Ball im Schubfach deponieren und geben Sie ihm dann, nachdem er das Schubfach geöffnet hat, den Befehl „Den Ball, Apport".

Eine praktische Erweiterung dieser Übung ist selbstverständlich, den Hund dazu zu veranlassen, die Schublade wieder zuzustoßen. Hierfür gibt es grundsätzlich zwei Möglichkeiten, nämlich die Schnauze oder die Pfoten zu benutzen. Je nachdem, wie leicht- oder schwergängig das Schubfach läuft, wird der Hund unter Umständen eine individuelle Vorliebe für die eine oder die andere Methode entwickeln. Mittels Targettraining (hier wäre ein Nasen- oder Pfotentarget geeignet) ist dies besonders leicht zu trainieren. Falls Sie jedoch nicht mit dem Clicker arbeiten, können Sie den Hund auch über den Befehl „Pfötchen" veranlassen das Schubfach zuzustoßen. Achten Sie jedoch darauf, dass er sich niemals die Pfoten dabei quetschen kann!

52 Türen öffnen

Türen zu öffnen entstammt ebenfalls dem Aufgabenbereich von Behindertenbegleithunden, die beispielsweise auf den Rollstuhl angewiesenen Personen die Türen aufmachen, wenn diese hierzu nicht in der Lage sind. Sie sollten sich aber vorher genau überlegen, ob Sie Ihrem Hund diese Übung beibringen wollen, denn das Öffnen der Haustür sollte natürlich tabu bleiben, damit er nicht plötzlich nach draußen verschwindet.

Wenn Sie sich dafür entscheiden, dem Hund das Türenöffnen beizubringen, haben Sie fortan nicht nur die Möglichkeit, den Hund einmal mehr als Gehilfen im Alltag einzusetzen; Sie können diese Übung auch zur Erweiterung der „Apport"-Übung „Postbote" (Übung 49) nutzen und ihn ungehindert im ganzen Haus zu einer bestimmten Person oder in ein bestimmtes Zimmer schicken.

Suchen Sie sich zum Üben eine Tür, die nicht durch mögliche Kratzer im Lack ruiniert werden kann. Für den Hund einfacher zu begreifen ist der Befehl, wenn die Übungstür nach außen aufgeht und der Hund erst im zweiten Schritt lernt, eine nach innen aufgehende Tür mit der Pfote oder Schnauze zu öffnen, was aber der Erfahrung nach den meisten Hunden keine Schwierigkeit bereitet.

Auch hier ist ein Target-Aufbau die eleganteste Trainingsmethode. Ohne Clicker oder Target können Sie den Hund folgendermaßen anleiten: Lassen Sie Ihren Hund zu Beginn der Übung vor der Tür absitzen und zeigen Sie auf die Klinke. Um den Anreiz zum Aufstehen an der Tür oder bei kleineren Hunden zum Sprung in Richtung Klinke zu vergrößern, können Sie ein Lockleckerchen so hochhalten, dass Ihr Hund mit großer Wahrscheinlichkeit die Türklinke berührt. Setzen Sie Ihre Anerkennung mittels Lob und Belohnung zielgerichtet ein, wenn er tatsächlich die Klinke mit einer Pfote so berührt, dass die Tür aufspringt. Geben Sie ihm immer auch ein Leckerchen im anderen Zimmer, denn er soll ja die Verknüpfung herstellen, selbst die Tür zu öffnen, um dann hindurchzugehen.

Beherrscht der Hund nach einiger Zeit diesen Teil der Übung, gehen Sie einen Schritt weiter und lassen ihn im Zimmer alleine, gehen

Bedenken Sie die Konsequenzen, wenn Sie Ihrem Hund das Öffnen von Türen beibringen – vielleicht nutzt er diese Technik später für seine eigenen Zwecke, z. B. für einen Besuch der Speisekammer!

selbst ins andere Zimmer und geben den Befehl dann durch die geschlossene Tür. Zuletzt kann er lernen, eine Tür zu öffnen, um im anderen Zimmer einen weiteren Job zu erledigen. Lassen Sie ihn etwas apportieren oder eine ganz besondere Belohnung finden, indem Sie ihn dort ein Suchspiel mit Futter absolvieren lassen.

53 Licht an- und ausschalten

Genau wie die beiden letzten Übungen entstammt dieser Befehl der breiten Palette von Aufgaben eines Behindertenbegleithundes. Aber auch ein „nicht berufstätiger" Hund wird viel Freude daran haben, diesen Befehl zu lernen.

Grundvoraussetzung für diese Übung ist das Vorhandensein eines geeigneten Lichtschalters, den der Hund mit der Pfote oder mit der Schnauze betätigen soll. Ähnlich wie beim Öffnen der Türen kann das Target-Training als Methode Anwendung finden oder die Übung mit einem Lockmittel gestartet werden. In letzterem Fall ist es wichtig, möglichst frühzeitig das Lockleckerchen wieder abzubauen, denn derartige Hilfsschritte verzögern einen schnellen durchschlagenden Lernerfolg. Halten Sie, wenn Sie ohne Clicker oder Target arbeiten, das Lockleckerchen so an den Lichtschalter, dass der Hund entweder den Schalter mit der Nase berühren muss, um das Leckerchen zu bekommen oder aber mit der Pfote danach angelt und dabei den Schalter betätigt. Von ganz entscheidender Bedeutung ist auch hier wieder das richtige Timing beim Loben, denn der Hund muss in der Anlernphase begreifen, eine zunächst völlig unabsichtlich ausgeführte Bewegung mit dem Befehl und dem Lob zu verbinden. Dies kann nur gelingen, wenn der Hund das Leckerchen genau in dem Moment erhält, in dem der Schalter berührt und somit betätigt wurde.

Eine lustige Komponente kann man einbauen, indem man als Sprachkommando die Worte „Licht an" und „Licht aus" wählt, wobei man die Betonung auf das Wort „Licht" legen sollte, sodass „An" und „Aus" für den Hund in den Hintergrund treten. Die Wirkung, die diese beiden Befehle auf Zuschauer haben, ist meist enorm.

54 Ampelkontakte betätigen

Dies ist etwas für große Hunde. Der Aufbau entspricht der Lichtschalter-Übung.

55 Staubsauger an- und ausschalten

Diese Übung ist das Pendant für kleinere Rassen. Die Trainingsvoraussetzung ist jedoch, dass der Hund keine Scheu vor dem Staubsauger hat.

56 Wagen ziehen

Ist Ihr Hund nicht zu klein und einigermaßen kräftig gebaut, können Sie ihn als Zughund einsetzen, indem Sie ihn vor einen geeigneten Wagen spannen. Je nach Stärke des Hundes können Sie beispielsweise Einkäufe auf diese Weise bequem transportieren und verschaffen zugleich dem Hund eine sinnvolle Aufgabe.

Gewöhnen Sie den Hund zunächst nur an das Zuggeschirr, bevor Sie ihn vor den Wagen spannen. Fangen Sie danach mit dem Ziehen des Wagens auf geraden Strecken an. Hat sich Ihr Hund erst an den Zug gewöhnt, ist es eigentlich keine Schwierigkeit, ihn dazu zu bringen, auch den beladenen Wagen zu ziehen, solange dieser nicht zu schwer ist. Üben Sie nach und nach erst weite Bögen und später auch engere Kurven. Bleibt ein sensibler Hund am Anfang der Lernphase mit dem Wagen hängen und erschrickt, werden Sie ihn nur mit viel Geduld wieder zum Ziehen bringen können. Achten Sie am Anfang daher strikt auf diese Dinge und gestalten Sie die Übung komplikationslos. Lassen Sie den Hund stets den gleichen Wagen ziehen, da er nach und nach die Länge des Wagens einzuschätzen lernt. Im Schnee kann man den Hund auch einen Schlitten ziehen lassen. Das kann ein Spaß für die ganze Familie sein.

Hervorragend geeignet ist das Ziehen eines Wagens für die Begriffvermittlung von „Langsam" und „Tempo". Zieht der Hund den Karren mit Freude, suchen Sie eine Stelle mit holprigem Boden auf. Dort geben Sie den Befehl „Langsam". Bei starkem Geruckel im Geschirr wird Ihr Hund nicht besonders schnell gehen wollen – nutzen Sie das aus. Auf ebenen, asphaltierten Strecken können Sie Ihren Hund durch eine flotte Gangart unter „Tempo" zum schnellen Gehen anregen (s. Übung 44: Schnelles und langsames Gehen).

57 „Würfeln"

In Spielwarenläden gibt es große Würfel aus Stoff zu kaufen, die hervorragend dafür geeignet sind, den Hund beispielsweise an verregneten Winternachmittagen an Gesellschaftsspielen mit der Familie teilhaben zu lassen.

Durch die Befehle „Apport" (Übung 11) und „Aus" (Übung 8) können Sie den Hund leicht dazu bewegen, für Sie zu würfeln, denn schon das bloße Fallenlassen des aufgenommenen Würfels kann Ihnen eine Sechs in Ihrem Spiel bescheren. Nach und nach können Sie auch versuchen, die Befehle „Apport" und „Aus" zu löschen und stattdessen „Du bist dran" oder „Würfeln" einzuführen. Neben dieser Art zu würfeln kann der Hund den Würfel auch mit der Nase anstoßen. Dies kann sehr leicht mit dem Clicker und einem Target-Stab trainiert werden.

58 Zeitung oder Hausschuhe bringen

Diese Übungen bestehen aus einem Apport-Aufbau und einer beliebig langen Liste weiterer Einzelübungen, je nach örtlichen Gegebenheiten. Trainieren Sie alle Elemente, die zu der Übung dazu gehören zuerst getrennt. Diese können sein: eine oder mehrere Türen öffnen und eigenständig in ein anderes Stockwerk gehen. Wenn die Einzelschritte gut sitzen, können Sie anfangen sie zu einer Gesamtleistung aneinanderzureihen. Dies gelingt leichter, wenn die einzelnen Elemente der Handlungskette in umgekehrter

Mit so einem großen Würfel kann beim Mensch-ärgere-Dich-nicht nur noch einer gewinnen: der Hund!

Reihenfolge zusammengefügt werden. So weiß der Hund stets, mit welcher Leistung die Übung endet.

Tipp
Wenn Sie über ein Zeitungsabonnement verfügen, können Sie Ihren Hund wunderbar abrichten, die Zeitung jeden Morgen an der Tür abzuholen und sie Ihnen ans Bett oder an den Frühstückstisch zu bringen. Es muss nur gewährleistet sein, dass die Zeitung dem Hund zugänglich deponiert wird.

Übungen für Naseweise

59 „Such"

Das Suchen, Auffinden und Apportieren von beliebigen Gegenständen macht fast allen Hunden Spaß und wird relativ leicht erlernt.

In der ersten Lernphase muss der Hund begreifen, dass er erst auf „Such" hin loslegen darf. Zunächst aber müssen Sie ihm einen Anreiz geben. Nehmen Sie einen beliebigen Gegenstand, am besten einen aus seinem Apportspiel-Repertoire, und verstecken Sie ihn vor seinen Augen. Schicken Sie den Hund dann mit „Such“ und „Apport“ los. Kennt er den Begriff des Gegenstandes, wie den Ball, heißt der Befehl „Such den Ball“. Es soll ja im Grunde immer ein spezieller Gegenstand gezielt gesucht werden.

Das Suchen können Sie in beliebiger Weise dem Lernstadium des Hundes anpassen. Zum einen, indem Sie die Entfernung zum Gegenstand, den Sie suchen lassen variieren, zum anderen dadurch, dass Sie ihn entweder sichtbar oder beispielsweise unter Laub versteckt auslegen. Sie können ihn dann sofort suchen lassen oder erst, wenn die Fährte schon einige Zeit alt ist (s. Übung 62: „Such verloren“).

Das hier beschriebene Suchen ist nur ein Beschäftigungsspaß. Für spezielle Aufgaben (Fährtenarbeit, Mantrailing oder Rettungshundearbeit) sind weitere ganz wesentliche Regeln einzuhalten.

60 Das Nahsuche-Spiel

Bei dieser Aufgabe soll Ihr Hund in einem begrenzten Bereich Futterstückchen suchen, die er sofort aufnehmen darf.

Achtung
Helfen Sie Ihrem Hund niemals bei Suchaufgaben, denn Ihr Hund weiß sowieso mehr als Sie! Das Ziel ist enge Teamarbeit, in der Sie dem Hund eine Aufgabe geben, die er eigenständig lösen können soll. Der Trainingsanspruch muss dem Lernstand des Hundes entsprechen.

Lassen Sie Ihren Hund neben sich „Sitz“ machen. Belohnen Sie ihn, wenn er Sie aufmerksam anschaut. Verlangen Sie dann „Bleib“ und legen oder werfen Sie zunächst fünf Leckerchen in geringer Distanz zum Hund (maximal zwei Meter entfernt) auf den Boden. Belohnen Sie ihn noch einmal, wenn er Sie konzentriert ansieht und schicken Sie ihn dann mit Kommando „Such“ los, die Leckerchen zu suchen und zu fressen. Dehnen Sie nach und nach die Suchfläche auf einen Bereich von etwa zehn Quadratmetern aus. Steigern Sie gegebenenfalls auch die Anzahl der Leckerchen auf bis zu 20 Stück.

Beenden Sie die Übung, wenn Ihr Hund Ihnen signalisiert, dass er fertig ist, beispielsweise indem er zu Ihnen kommt. Loben Sie ihn, leinen Sie ihn an und verlassen Sie das Suchareal. Dies gilt auch, wenn Sie sehen, dass er noch einige Leckerchen übersehen hat. Ihr Hund soll eigenständig und gründlich suchen. Jede Form einer Hilfestellung – wie etwa eine zweite Aufforderung zu suchen – würde diesen Anspruch zunichte machen. Kontrastieren Sie das Ende der Übung durch ein bloßes Lob im Gegensatz zu schmackhaften Such-Leckerchen, um ihn in seinem Fleiß, die Übung sauber auszuführen, zu unterstützen. Schon nach wenigen Wiederholungen werden Sie feststellen, dass Ihr Hund immer gründlicher wird!

61 Schleppfährten

Echte Fährtenarbeit ist eine sehr komplexe Angelegenheit, sodass hier nicht näher darauf eingegangen werden soll. Hinter dem Titel dieser Übung verbirgt sich vielmehr eine spielerische Übung, an der besonders Jagdhunde – auch wenn sie nicht jagdlich geführt werden – oft große Freude haben. Anders als bei der Verloren-Suche soll der Hund in diesem Fall eine kurze Strecke lang eine von einer anderen Person gelegte Fährte verfolgen und am Ende einen bestimmten Gegenstand auffinden.

Am einfachsten gelingt diese Übung auf folgende Weise: Halten Sie Ihren Hund an der Leine, während eine andere Person einen leckeren Gegenstand an einem Strick über den Boden zieht. Die Fährte sollte nah am Hund beginnen. Schon nach ein paar Metern kann die Hilfsperson mit dem Schleppgegenstand bereits außer Sicht treten. Halten Sie die Fährte anfangs relativ kurz und gradlinig, später sind der Länge und auch dem Streckenverlauf praktisch keine Grenzen mehr gesetzt. Sobald Ihre Hilfsperson zu Ihnen zurückgekehrt ist, kann Ihr Hund loslegen. Lassen Sie ihn unter dem Kommando „Such" starten. Geben Sie ihm keinerlei Hilfestellung bei diesem Job. Er ist es, der die bessere Nase hat! Lassen Sie ihn also ungestört arbeiten, bis er sein Ziel erreicht hat. Je nach Übungsstellung kann er den gefundenen Snack sofort fressen oder muss ihn verweisen. In letzterem Fall ist es sinnvoll, wenn der Gegenstand so verpackt ist, dass ein eigenmächtiges Aufnehmen von vornherein verhindert wird.

Legt der Hund bei dieser Übung schon eine gewisse Sicherheit an den Tag, lassen Sie die Fährte von Ihrer Hilfsperson legen, wenn der Hund nicht dabei ist. Nach eingehendem Üben erweitern Sie die Zeitspanne zwischen dem Auslegen der Fährte und der Suche. Zeigt Ihr Hund bei dieser und der nächsten Übung 62: „Such verloren" viel Einsatzfreude, wird er sicherlich auch besonderen Spaß bei anderen Suchspielen haben (Kapitel „Spiele und Spielzeug").

62 „Such verloren"

Der Befehl „Such verloren" soll den Hund veranlassen, bestimmte Sachen aufzufinden, die Sie auf einer gemeinsamen Wegstrecke verloren haben. Das kann ein Handschuh, ein Schlüsselbund oder Ähnliches sein.

Üben Sie zunächst mit Gegenständen, die Ihrem Hund als Apportgegenstand bekannt sind, wie einem Ball. Postieren Sie hierzu den Ball, den der Hund bis dahin auf dem Spaziergang noch nicht gesehen haben sollte, sichtbar auf dem Weg, ohne den Hund dabei zusehen zu lassen. Wenige Meter hinter dem Objekt rufen Sie den Hund zu sich, erregen seine besondere Aufmerksamkeit durch „Achtung" oder ein anderes Reizwort und schicken ihn mit „Such verloren, Apport" und einem richtungweisenden Handsignal auf den Weg. Wenn Ihr Hund das Objekt mit Namen kennt, kann der Befehl auch „Ball, such verloren, Apport!" lauten. Variieren Sie in dieser ersten Lernphase die Distanz und die Sichtbarkeit des Gegenstandes, bis der Hund gelernt hat, unter „Such verloren" den von Ihnen vorher gegangenen Weg zurückzuverfolgen. Korrigieren Sie

Das ist ein Riesenspaß für den Hund: Sie verlieren etwas, und er darf es Ihnen wiederbringen.

ihn notfalls mit „Nein, such verloren" und einer Richtungsanweisung mit der Hand, wenn er nicht dem angezeigten Weg folgt. Loben Sie das Finden und den Apport stets gebührend.

In der zweiten Lernphase erschweren Sie die Übung dadurch, dass Sie Dinge suchen lassen, die dem Hund als Apportgegenstände unbekannt sind, aber nach Ihnen riechen, wie das lederne Schlüsseletui, das Sie stets im Mantel tragen oder einen Handschuh.

Die dritte Lernphase kann sich an diese anschließen und umfasst das Erlernen der Suche nach verlorenen fremden Gegenständen

(s. Übung 63 „Geruchsunterscheidung“). Geruchlich muss der Hund eine Verknüpfung herstellen können, beispielsweise indem Sie ihn an einem vergleichbaren Gegenstand eines anderen Menschen schnuppern lassen. Hierzu eignet sich ein fremder Regenschirm, ein fremder Schuh oder eine Zeitung. Der Größe der Gegenstände sind keine Grenzen gesetzt; achten Sie jedoch auf deren Apportierbarkeit oder lassen Sie den Hund statt eines Apportes den Gegenstand nur anzeigen (s. Übung 64: „Verweisen“).

63 Geruchsunterscheidung

Ihr Hund soll in dieser Übung lernen einen spezifischen Geruch, im Trainingsbeispiel Ihren Geruch, zu identifizieren. Als Übungsobjekt können beliebige Gegenstände benutzt werden. Achten Sie jedoch darauf, dass Sie diese niemals unbedacht mit der Hand anfassen, denn sonst kann die Übung nicht gelingen! Nehmen wir hier als Beispiel kleine Holzhanteln.
Fassen Sie eine mit der Hand an und lassen Sie die Hantel anzeigen (s. Übung 66) oder apportieren (s. Übung 11). Wenn dies gut gelingt, kann die eigentliche Geruchsunterscheidungsübung beginnen. Legen Sie nun die Hantel aus, die Sie schon angefasst haben und eine zweite, die Sie noch nicht berührt haben! Weisen Sie Ihren Hund dann an, die Hantel zu apportieren oder anzuzeigen. Wenn er die richtige Hantel ansteuert, hat er sich eine tolle Belohnung verdient. Nach und nach können Sie dann immer mehr Objekte einfügen. Achten Sie darauf, dass auch diese unter keinen Umständen Ihren Geruch tragen dürfen! Lassen Sie die Objekte wahlweise von anderen Personen auslegen oder benutzen Sie eine spezielle Zange. Im Training ist es wichtig, dass Sie Ihrem Hund, sollte er die falsche Hantel anzeigen oder bringen, keinerlei Feedback geben. Auch Hilfestellungen sind fehl am Platz! Tun Sie so, als ob Sie seinen Fehler gar nicht bemerken. Wiederholen Sie unter keinen Umständen das Kommando. Dies ist wichtig, denn in späteren Übungsdurchläufen können Sie nicht wissen, welches Objekt das Richtige ist. Sie müssen sich auf die Leistung Ihres Hundes verlassen können. Sollte er nicht auf die Idee kommen sich doch noch für das richtige Objekt zu entscheiden, brechen Sie die Übung ab und üben noch einmal die Vorübung, in der er nur das eine Objekt mit Ihrem Geruch zur Verfügung hat. Starten Sie einige Tage später einen neuen Versuch zur Geruchsunterscheidung.

Diese Übung kann mit beliebigen Gerüchen umgesetzt werden, wenn der Hund jeweils einen klaren Bezug zu diesem Geruch herstellen kann. Dies kann in einer gesonderten Übung aufgebaut werden.

64 „Verweisen“

Es gibt verschiedene Arten von Verweisen: das stumme und das laute Verweisen. Beim Stumm-Verweisen soll der Hund den Gegenstand dadurch anzeigen, dass er beispielsweise die „Sitz“- oder „Platz“-Stellung einnimmt und der Gegenstand hierbei zwischen oder vor seinen Vorderpfoten liegt, seine Nase in die Richtung

Das Verweisen ist eine Übung, die bei der Jagd und auch bei der Polizeihundeausbildung eingesetzt wird. Als Abschluss der „Such!"-Übung kann sie jeder Hund erlernen.

des Gegenstandes zeigt oder er mit der Pfote auf dem Objekt kratzt. Beim Laut-Verweisen soll der Hund zusätzlich Laut geben, bis Sie ihn durch „Leise" unterbrechen.

Wenn Sie diese Aufgabe nur zum Spaß trainieren, erreichen Sie am schnellsten Trainingserfolge, wenn Sie die Anzeigeart wählen, die dem Hund am leichtesten fällt. Deponieren Sie den Gegenstand, den Ihr Hund verweisen soll so, dass eine möglichst hohe Chance besteht, dass Ihr Hund die gewählte Anzeige-Handlung zeigen wird. Als Beispiel zum Anzeigen mit der Pfote: Deponieren Sie den Gegenstand so, dass Ihr Hund nicht eigenständig an ihn heran kann. Belohnen Sie ihn umgehend, wenn er versucht, ihn mit der Pfote zu erreichen. Mit dem Clicker kann in dieser Übung ein besonders gutes Timing eingehalten werden.

Wenn Sie eine andere Anzeigeform wählen möchten, ist eine Zwischenübung erforderlich, in der der Hund lernt, dass er den Gegenstand, der anfänglich für ihn von hohem Wert sein sollte, nur bekommt, wenn er vorher die erwünschte Handlung (sitzen, liegen, bellen) gezeigt hat. Danach verfahren Sie, wie gerade beschrieben.

Soll der Hund nur verweisen und im Anschluss an die Suche nicht apportieren, lassen Sie den Befehl „Verweisen" weg, denn er fällt dann mit unter den Befehl „Such", der für den Hund mit dem Verweisen endet.

Als Spiel eignet sich das Verweisen von Gegenständen oder speziellen Gerüchen. Hat der Hund das Grundprinzip erst einmal verstanden, können später mehrere Gegenstände zur Geruchsunterscheidung (s. Übung 63) ausgelegt werden, um die Übung interessanter zu machen.

Alltägliche Geschicklichkeitsübungen

In den im Folgenden aufgeführten Übungen muss Ihr Hund körperliche Geschicklichkeit beweisen. Die Trainingsinhalte sind außerdem dazu geeignet, Ihnen im Alltag dann und wann das Leben leichter zu machen. Dadurch springt für Sie und Ihren Hund gleichermaßen etwas heraus!

65 Leckerchen sanft nehmen

Bei fast allen Hunden sind Leckerchen ausgesprochen beliebt und können deshalb gut als Belohnung eingesetzt werden. Viele Hunde haben jedoch die lästige Angewohnheit, ein gereichtes Leckerchen so gierig zu nehmen, dass man das Gefühl hat, sie würden am liebsten gleich die ganze Hand mit auffressen. An sich ist Gier durchaus eine hundetypische Angewohnheit, die man jedoch so abschwächen kann, dass sie für den Menschen nicht unangenehm wird. Höflichkeit ist also durchaus eine trainierbare Größe!

Bieten Sie Ihrem Hund in dieser Übung ein Leckerchen ohne spezielle Gegenleistung an. Entziehen Sie ihm aber unnachgiebig das Angebot, wenn Sie seine Zähne an Ihrer Hand spüren. Sollte Ihr Hund dann springen, ist es hilfreich ihn mit der Leine so zu sichern, dass dies nicht mehr möglich ist. Geben Sie Ihrem Hund das Leckerchen nur ab, wenn er sich wirklich gesittet benommen hat. Sollte Ihr Hund Ihnen in dieser Übung tatsächlich durch sein gieriges Verhalten wehtun, können Sie schrill aufschreien und ihn einfach stehen lassen. Ignorieren Sie ihn anschließend für einige Zeit. Wiederholen Sie das Prozedere dann noch einmal. Setzen Sie die Messlatte ruhig besonders hoch, denn dieses Maß an Beherrschung können Sie reinen Herzens von Ihrem Hund verlangen. Ihr Hund wird sehr schnell begreifen, dass er den Bissen immer nur dann bekommt, wenn er sachte vorgeht. Durch Gier bestraft sich der Hund in diesem Fall selbst.

Eine Ermahnung zur Langsamkeit bewirkt, dass eine ganz sanfte Hundeschnauze vorsichtig das Leckerchen aus Ihrer Hand nimmt!

66 Hindernissen ausweichen

Sicherlich kennen Sie die Situation, dass man mit dem an der Leine geführten Hund an einem Pfahl, einer Absperrung oder an einer Laterne „hängen bleibt", weil er sich beim Gehen nicht für die gleiche Seite des Hindernisses entschieden hat wie Sie. Zur Abhilfe gibt es zwei Möglichkeiten: Entweder Sie geben nach und gehen an der gleichen Seite um die Laterne herum wie Ihr Hund oder aber er nimmt Ihren Weg. Der zweiten Möglichkeit ist der Vorzug zu geben, da Sie als Teamchef derjenige sind, der den Weg bestimmen darf. Sie sollten daher Ihrem Hund beim Umgehen eines Hindernisses baldmöglichst beibringen, immer dieselbe Seite wie Sie zu wählen. Nicht nur aus Bequemlichkeit, sondern auch um Gefahren zu vermeiden – besonders wenn Ihr Hund auch lernen soll, neben dem Fahrrad zu laufen. Bedenken Sie was passiert, wenn Sie aus der Fahrt heraus plötzlich an einer Laterne hängen bleiben!

Das richtige Umgehen von Hindernissen trainieren Sie in drei Schritten: Zunächst einmal gilt es, dem Hund zu verdeutlichen, dass es an ihm liegt, wenn es wegen des Hängenbleibens an einem Pfahl nicht weitergeht. Geben Sie ihm Zeit, sich eigenständig eine Lösung auszudenken. Loben Sie ihn beim ersten Anzeichen von Nachgiebigkeit, also seiner klugen Wahl und belohnen Sie ihn, wenn er sich aus seiner misslichen Lage befreit hat. Sanfter Zug an der Leine beschleunigt manchmal das Geschehen, denn der Hund wird ja in Richtung der Laterne gezogen. Scheue Hunde können allerdings durch eine solche Manipulation auch in Panik geraten. Geben Sie dann Hilfestellung mit Ihrer Hand und beschreiben Sie für Ihren Hund den Weg. Wenn diese Übung Probleme bereiten sollte, eignet sich der Clicker als Hilfsmittel, denn mit dem Clicker können Sie den Hund in allerkleinsten Lernschritten um die Laterne „herumclicken".

Führen Sie Ihren Hund im zweiten Lernschritt besonders eng an einer Laterne vorbei, sodass eigentlich kaum noch Platz zwischen Ihnen und der Laterne bleibt. Entscheidet sich Ihr Hund für die falsche Seite, korrigieren Sie ihn, indem Sie stehen bleiben. Schlägt er daraufhin den richtigen Weg ein, loben Sie ihn ausgiebig. Am Ende dieser Lernphase sollte Ihr Hund in solch einer Situation stets abwarten, wo Sie entlanggehen und dann den entsprechenden Weg einschlagen.

Der letzte Schliff dieser Übung besteht darin, in der dritten Lernphase dem Hund zu vermitteln, dass nicht nur Laternen, Bäume und andere hohe Gegenstände Hindernisse darstellen, sondern auch kleine Absperrungen. Üben Sie beispielsweise an Absperrungen für Autos und anderen Pfählen. Da Ihr Hund das Prinzip schon längst verstanden hat, sollte es eigentlich kein Problem sein, ihm diese Übung auch an niedrigen Hürden abzuverlangen.

67 „Kriechen"

Das Kriechen ist eine Übung, die auch ein Element im echten Arbeitseinsatz, etwa im Rettungsdienst, sein kann.

Das Kriechen lernt der Hund mit dem Target-Training rasch.

Spielerisch können Sie diese Übung auf dem Spaziergang einstreuen, indem sie den Hund beispielsweise unter Geäst durchkriechen lassen.

Mit einem Hund, der kriechen kann, kann man hervorragend schwierige Suchspiele veranstalten, wobei der Hund aus Geäst oder einer kleinen Höhle Bälle oder andere Gegenstände herausholen muss und nur kriechend wieder zu Ihnen gelangen kann.

Zum Erlernen dieses Befehls ist es ratsam, den Hund vorher mit „Platz" zum Hinlegen zu veranlassen. Das hat verschiedene Vorteile: Zum einen sieht sich ein Hund, wenn er liegt eher dazu veranlasst, durch etwas hindurchzukriechen, als wenn er stehend darüber hinwegschaut. Zum anderen ist „Platz" eine geeignete Ausgangsposition zum Kriechen, da er bei dieser Übung mit der Rückenpartie so tief wie möglich bleiben sollte.

Liegt der Hund, haben Sie verschiedene Möglichkeiten, ihm den Befehl zu vermitteln. Zum einen können Sie niedrige Hindernisse aufbauen, unter denen Ihr Hund dann durchkriechen soll. Zum anderen können Sie hierbei auch Lockleckerchen zweckmäßig einsetzen.

Tipp für die Arbeit mit dem Clicker
Diese Übung kann sehr gut frei geformt oder mittels Target-Training (Nasen-Target) vermittelt werden.

Bei der Lockmethode ziehen Sie die Hand, in der das Leckerchen ist, gerade vor dem Hund ganz dicht über dem Boden weg und verleiten ihn so zu der Kriechbewegung. Steht der Hund auf, um dem Leckerchen zu folgen, unterbrechen Sie sofort mit „Platz“ und beginnen von Neuem. In der ersten Lernphase ist eine Kriechdistanz, die etwa Ihrer Armlänge entspricht, ausreichend. Gesteigert wird die Länge der Strecke erst, wenn der Hund genau weiß, was er tun soll. Auch das Signal sollte vorher noch nicht benutzt werden, um Fehlverknüpfungen zu vermeiden.

Lassen Sie ab der zweiten Phase immer öfter das Leckerchen als Lockmittel weg und versuchen Sie, bei der Übung nach und nach selbst zu stehen. Geben Sie Ihrem Hund nötigenfalls Hilfen mit der Hand, die wie auch aus der Hocke heraus die Bewegung andeuten soll, oder aber Sie tippen als Erinnerung mit dem Fuß auf den Boden und ziehen ihn ein Stückchen über den Boden, so wie Sie es vorher mit der Hand gemacht haben.

Zu Beginn ist es für den Hund einfacher, auf Sie zuzukriechen. Beherrscht der Hund die Übung bis hierher schon gut, können Sie sie erschweren, indem Sie den Hund unter „Kriech“ von sich wegkriechen lassen. Zur Hilfe können Sie ihm eine Marke setzen, die er sieht, beispielsweise „Kriech zum Ball“. Festigen Sie diese Kriech-Übung in den verschiedensten Variationen: auf Sie zu, mit einem gesetzten Ziel von Ihnen weg, unter Hindernissen hindurch und ohne alles, das heißt auf den bloßen Befehl hin. Ein fortgeschrittener Hund sollte in die von Ihnen gewiesene Richtung einige Meter weit kriechen können.

Hinweis
Hunde, die unter Hüftgelenkdysplasie (HD) leiden oder mit den Knien Probleme haben, sollten nicht kriechen, da diese Gelenke dabei unnötig strapaziert werden.

Bei der oben angesprochenen möglichen Lehrmethode mithilfe von flachen Hindernissen ist darauf zu achten, dass der Hund die Verknüpfung nicht zu konkret an das Hindernis bindet, also die Übung nach dem Hindernis als beendet betrachtet und aufsteht. Wie für alle anderen Übungen gilt auch hier: Sie sind es, der eine Übung beendet, nicht der Hund. Lassen Sie ihn also stets nach dem Hindernis noch ein kleines Stück weiterkriechen und festigen Sie die Übung durch die eben beschriebenen Variationen. Wenn Sie mit Hilfsmitteln, wie kleinen Hürden zum Durchkriechen arbeiten, ist es sinnvoll diese so aufzustellen, dass sie anfangs relativ dicht stehen. Im fortgeschrittenen Lernstadium sollten sie aber auch mit einem gewissen Abstand zueinander aufgestellt werden, sodass der Hund auch die hindernisfreie Strecke kriechend überwinden muss. Nach und nach können Sie diese Hilfestellung auch ganz abbauen.

Trainieren Sie später Übungskombinationen – mit und ohne Hindernis – und verstecken Sie beispielsweise bei den Such- und Apport-Spielen hin und wieder ein Bringsel in nur schwer zugänglichem Gelände. Das fordert den Hund in besonderer Weise. Durch diese Art des Einsatzes wird der Befehl weiter intensiviert und abwechslungsreicher gestaltet.

68 „Umrunden"

Das „Umrunden" von Gegenständen ist immer wieder hilfreich, beispielsweise wenn sich der Hund mit der Leine irgendwo verheddert hat oder aber einfach nur, um eine bessere Führigkeit auf Distanz zu erreichen. Beim Spielen können Sie den Befehl mit einer „Apport"-Übung koppeln und diese dadurch erschweren. Sinn der Sache ist es zu erreichen, dass der

Das Umrunden des Baums wird Schritt für Schritt erlernt.

Hund auf den Befehl „Umrunden" den von Ihnen angewiesenen Gegenstand umrundet, um dann wieder zu Ihnen zu kommen. Den meisten Hunden fällt dies am Anfang bei hohen Gegenständen wie Laternen leichter, da hier nicht die Gefahr besteht „darüber hinwegzulaufen". Das Umrunden kann wahlweise rechts oder links herum ausgeführt werden. Da es sich um unterschiedliche Raum- und Bewegungsmuster handelt, sind für beide Richtungen unterschiedliche Kommandos erforderlich. Trainieren Sie erst eine Seite bis alles gut gelingt und dann die andere Seite, um Verwirrung und Verwechslungen auf Hundeseite zu vermeiden.

Lassen Sie den Hund an Ihrer linken Seite absitzen – für den Anfang in geringem Abstand zu dem betreffenden Gegenstand, beispielsweise einer Straßenlaterne oder einem Baum. Weisen Sie mit der linken Hand nach vorn in Richtung Gegenstand, sodass er entsprechend um den Gegenstand herumgeht. Holen Sie ihn mit Ihrer rechten Hand, in der Sie schon ein Belohnungsleckerchen halten können, hinter dem Gegenstand ab. Ziehen Sie das Leckerchen jedoch vor der Hundenase weg in Ihre Richtung und geben Sie es Ihrem Hund erst dicht bei Ihnen, damit er lernt um den Gegenstand herum bis zu Ihnen zu laufen. Bauen Sie diese Hilfestellung nach und nach ab. Wenn Sie merken, dass Ihr Hund Ihrer Handbewegung zur Richtungsanweisung gut folgt und zügig um den Gegenstand herum und wieder zurück zu Ihnen läuft, können Sie das Sprachkommando „Umrunden" einfügen und in

Das Pfötchengeben ist eine Geste aus dem normalen Verhaltensrepertoire von Hunden. Deshalb lernen die meisten Hunde diese Übung sehr rasch.

kleinen Schritten die Distanz zum Gegenstand vergrößern und/oder die Art des Gegenstands verändern. Üben Sie mit dem fortgeschrittenen Hund mit Parkbänken, Pflöcken, Gebüschen oder anderen geeigneten Objekten, die sie auf dem Spaziergang finden.

69 „Pfötchen"

Das Pfötchengeben entspringt dem Milchtritt der Welpen beim Säugen und ist daher leicht zu lernen. Auch von sich aus setzen Hunde diese Geste zur Beschwichtigung oder in Bezug zum Menschen als Bettelgeste ein. Die meisten Hunde lernen diese Handlung besonders leicht, da sie einem Bewegungsmuster entspricht, das ihnen gut vertraut ist.

Übrigens kann das Pfötchengeben im täglichen Gebrauch einen viel praktischeren Hintergrund haben, als Sie vielleicht annehmen, beispielsweise wenn Ihr Hund sich in der Leine verwickelt hat und Sie normalerweise die Leine selbst entwirren müssten. Ist die Übung schon gelernt, können Sie einfach stehen bleiben und „Pfötchen" verlangen, sodass sich der Hund durch das Anheben der Pfote selbst aus der Verhedderung befreit.

Hat er das Geben der Pfote zu stark mit Ihrer – ihm entgegengestreckten – Hand in Verbindung gebracht, können Sie ihm in diesem Fall als optische Hilfe zunächst ersatzweise einen Fuß als Ziel anbieten.

Aber auch für andere Gelegenheiten, etwa beim Pfotenabtrocknen oder zur Krallenpflege ist diese Übung eine schöne Trainingsvoraussetzung.

Die einfachste Methode, Hunden das Pfötchengeben beizubringen, ist folgende: Nehmen Sie einen bei Ihrem Hund sehr begehrten Happen in die Hand und schließen sie diese, sodass er den Leckerbissen riecht, ihn aber nicht wegnehmen kann. Lassen Sie den Hund sitzen, setzen Sie sich vor ihn hin, halten Sie ihm die Hand vor die Nase und ermuntern Sie ihn, den Bissen zu nehmen, an den er aber nicht herankommt. Warten Sie, bis er von selbst die Pfote auf Ihre Hand legt und geben Sie in diesem Moment das Lautzeichen „Pfötchen" gleichzeitig mit dem Öffnen der Hand. Die meisten Hunde bohren zuerst mit der Nase und benutzen dann erst die Pfote. Loben Sie ausgiebig, sobald es geklappt hat. Wenn Sie mit dem Clicker arbeiten, fällt es leicht auch Zwischenschritte zu belohnen (mit Click + Leckerchen). Dies ist bei allen Hunden hilfreich, die die Pfote nicht so spontan direkt auf die Hand legen. Clicken Sie in diesem Fall auch kleinste Hebebewegungen der Pfote an, bis Sie das eigentliche Ziel erreicht haben.

Eine Erweiterung dieses Befehls ist, beide Pfoten mit verschiedenen Wörtern zu belegen, beispielsweise die rechte mit „Pfötchen", die linke mit „Die Andere". Üben Sie beide Formen, indem Sie wie oben beschrieben vorgehen.

Akrobatik mit den Hinterpfoten

Das Heben der Hinterpfoten auf Befehl zu setzen, ist eine anspruchsvollere Aufgabe. Hier leistet der Clicker gute Dienste. Über das freie Formen sind Ihnen in dieser Übung keine Grenzen gesetzt. Auch kleine Details in der Bewegung können auf diese Weise gut ausgearbeitet werden. Wenn Sie sich ohne Clicker an diese Übung wagen, müssen Sie einiges an Geduld mitbringen, denn mangels ganz exakten Timings brauchen die Hunde deutlich länger, um zu verstehen, was gefordert ist. Lassen Sie den Hund in diesem Fall quer vor sich stehen und berühren Sie einen seiner Hinterfüße so mit ihrer Hand, dass er den Fuß hochnimmt. Loben Sie ihn exakt in diesem Moment und geben Sie ihm eine wertvolle Belohnung. Verringern Sie nach und nach die Intensität Ihrer Hilfestellung, bis der Hund die gewünschte Pfote eine Zeit lang von alleine oben hält. Diese Übung ist im Alltag als Spaß oder beim Pfotenabputzen einsetzbar.

70 „Peng“

Die Übung „Peng“ hat zum Ziel, dass sich der Hund auf die Seite oder auf den Rücken legt. Die Wortwahl ist natürlich wie in allen beschriebenen Fällen beliebig. Bei mir hat sich die Assoziation mit einem erschossenen Hund festgesetzt.

Praktisch einsetzbar ist dieser Befehl beispielsweise beim Abtrocknen des nassen Hundes, ebenso bei Untersuchungen oder dem Herausdrehen von Zecken am Bauch.

Erlernt wird „Peng“ aus der „Leg dich“-Stellung heraus. Auch diese Übung kann mit dem Clicker sehr gut frei geformt werden. Ohne Clicker können Sie den Hund mittels Lockleckerchen verleiten diese Position einzunehmen. Lassen Sie ihn hierzu mit seiner Schnauze Ihrer Hand folgen. Ziehen Sie diese langsam rechts oder links seitlich dicht am Körper des Hundes entlang, dann über seinen Rücken, sodass der Hund sich zunächst im Liegen umgucken muss. Nun ändern Sie die Richtung und Ziehen das Leckerchen schräg nach vorne auf den Boden. Um das Leckerchen nicht aus dem Blick zu verlieren, lassen sich viele Hunde aus dem Locken heraus nun auf die Seite fallen. Loben Sie sofort, sobald Ihr Hund liegt. Überlegen Sie sich vor der Übung, ob er seitlich oder richtig auf dem Rücken liegen soll und geben Sie ihm in der gewünschten Position sein Belohnungsleckerchen.

Schon bald lässt sich der Hund beim Ertönen des Kommandos „Peng“ von alleine wie tot auf die Seite oder den Rücken fallen.

Bauen Sie nach und nach die Hilfestellungen ab. Achten Sie in fortgeschrittenen Trainingsdurchgängen, in denen Sie die Position schon auf Kommando abrufen können, auch hier strikt darauf, dass die Übung erst durch Ihr Wort beendet wird und der Hund solange in dieser Position verharren muss.

Wie bei allen Übungen sollte der Befehl in der zweiten Phase durch möglichst viel Abwechslung und nach und nach stärkere Ablenkungen gefestigt werden, wenn der Hund erst einmal begriffen hat, was „Peng“ bedeutet.

71 „Hopp“

Unter „Hopp“ soll Ihr Hund auf jedes von Ihnen angewiesene Hindernis springen und dort verweilen. Dies können Bänke, Baumstämme, große Steine, Stühle oder andere Dinge sein. Diese Übung ist eine tolle Auflockerungsübung und stärkt den Teamgeist. Vor allem das gemeinsame Erklimmen eines Gegenstandes bereitet dem Hund viel Freude und steigert gleichzeitig enorm das Selbstvertrauen, die Aufmerksamkeit und das Zusammengehörigkeitsgefühl.

Klopfen Sie zum Erlernen dieses Befehls auf das Hindernis, das der Hund erklimmen soll. Locken Sie ihn auch ruhig mit einem leckeren Happen. Sagen Sie in dem Moment „Hopp", in dem der Hund zum Sprung ansetzt. Oben angekommen loben Sie kräftig und belohnen den Hund mit dem Lockmittel. Hindern Sie ihn gleichzeitig durch sanftes Festhalten und/oder dem Befehl „Bleib" oder „Steh" daran, sofort wieder runterzuspringen und beenden Sie die Übung mit dem Freizeitwort.

In fortgeschrittenen Übungen warten Sie eine kurze Weile, um den Befehl weiter zu festigen. Gehen Sie beispielsweise langsam weg, hüpfen Sie oder lenken Sie den Hund anderweitig ab. Lassen Sie ihn nur auf Ihren Befehl hin wieder runterspringen.

Eine im Schwierigkeitsgrad schon gesteigerte Variante ist, den Hund auf den Rücken eines Pferdes – am besten eines Ponys – springen zu lassen, wobei er sitzen oder stehen bleiben muss, während das Pferd im Schritttempo geht. Dies geht aber nur mit einem ruhigen Pferd und auch nur dann, wenn beide Tiere gut aneinander gewöhnt sind. Ansonsten können Sie selbst experimentieren. Wenn Sie einen nicht zu großen, ruhigen Hund haben, können Sie ihn auch einmal auf Ihren Rücken springen lassen oder ähnliche Späße mit ihm machen.

72 „Drehen"

Das Drehen können Sie im Alltag bei zwei verschiedenen Situationen einsetzen. Die Übung ist zum einen hilfreich, wenn sich der Hund in seiner Leine verheddert hat – was besonders jungen Hunden immer wieder gerne passiert; zum anderen, wenn sich der Hund beispielsweise zur Ohrenpflege auf dem Tisch befindet und Sie an das andere Ohr heranwollen. Mit „Drehen" wird Ihnen Ihr Hund, wenn er den Befehl beherrscht, sofort die gewünschte Seite zuwenden. Achtung: Bedenken Sie, dass Ihr Hund die Bewegung wie ein Bild abspeichert. Er kann diese Übung also sehr viel schneller lernen, wenn Sie ihn immer in die gleiche Richtung „Drehen" lassen.

„Drehen" ist dem Hund am besten auf einem Tisch beizubringen, der groß genug ist, dass er sich gerade einmal umdrehen kann. Lassen Sie ihn so auf den Tisch springen, dass sein Kopf beispielsweise rechts von Ihnen ist. Halten Sie nun einen von ihm begehrten Happen hinter den Hund und befehlen Sie „Drehen". Helfen Sie gegebenenfalls nach, indem Sie den Weg vor seiner Schnauze mit der Hand beschreiben, bis er sich um 180° gedreht hat und dann das Leckerchen und natürlich auch ein dickes Lob erhält.

Wenn er begriffen hat, was Sie von ihm verlangen, können Sie später an einem Ort trainieren, wo der Hund mehr Bewegungsfreiheit hat. Aus dieser Übung kann man leicht die „Kreisel"-Übung (s. Übung 81) ableiten.

Der Slalom ist ein Hindernis, zu dessen Bewältigung viel Geduld und Lob gehören.

73 „Slalom“

Dieser Befehl stammt aus dem Bereich des Hundesports: Es handelt sich um eine Disziplin des Agility-Parcours (siehe S. 153). Auf den Befehl „Slalom“ hin soll der Hund durch eine gerade Reihe von Hindernissen – Stöcke, Fähnchen oder auch andere Gegenstände – Slalom laufen. Falls Ihnen zum Üben dieses Befehls kein Agility-Parcours zur Verfügung steht, können Sie leicht Abhilfe schaffen. Zum Erbauen einer kleinen Slalomstrecke benötigen Sie nur ein paar Stöcke, die Sie im geeigneten Abstand als gerade Strecke einfach in den Boden stecken. Der Abstand sollte nicht zu weit sein, da der Hund dann seine Wendungen nicht mit dem Hindernis in Verbindung bringen kann, aber auch nicht so eng, dass er die Stöcke umstößt.

Für den reinen Spaßeinsatz kann mit Hilfestellung trainiert werden. Kappen Sie hierzu die Stöcke auf eine Höhe, sodass Sie Ihren Arm gut darüberführen können. Gehen Sie gemeinsam mit Ihrem Hund los und geben Sie ihm Hilfestellung, indem Ihr Arm über den Stangen den Slalom mitmacht. Ein zügiges Gehen erleichtert dem Hund die Aufgabe, da er auf diese Weise nicht auf die Idee kommen kann, seitwärts auszubrechen.

Mit einiger Übung wird Ihr Hund immer weniger Hilfestellung benötigen. Ein dickes Lob nach dem Durchlaufen der Strecke sollte ihm dann natürlich sicher sein.

Im Kapitel „Freizeit und Sport“ sind die genauen Abstände der Slalomstangen für den Agility-Parcours aufgezeigt (s. Übung 107). Für eine rein zum Vergnügen durchgeführte Übung müssen diese selbstverständlich nicht berücksichtigt werden.

Ein wenig Abwechslung können Sie in die Slalom-Übung bringen, indem Sie den Hund beispielsweise durch aufgestellte Flaschen oder Ähnliches Slalom laufen lassen oder auf dem Spaziergang, sofern Sie einen hierfür geeigneten Zaun finden. Zusätzlich können Sie die Übung auch entweder dadurch erschweren, dass Sie den Hund die Slalomstrecke alleine bewältigen lassen, während Sie am Anfang oder am Ziel der Strecke warten oder indem Sie ihn am Schluss der Strecke wenden lassen und ihn unter „Hier“ und „Slalom“ dazu veranlassen, die Strecke auch wieder zurückzugehen. Letzteres bedarf jedoch eines besonderen Trainings. Geübt wird hierbei zunächst mit wenigen Stangen. Führigkeit auf Distanz macht sich hier bezahlt, sodass Sie mit visuellen Hilfestellungen den Hund wieder auf die richtige Slalom-Spur bringen können. Nach und nach können Sie die Stangenanzahl natürlich wieder erhöhen.

74 Balancieren auf Gegenständen

Hunde sind keinesfalls so geschickte Kletterer wie etwa Katzen. Es gibt unter Hunden besonders trittsichere und weniger sichere. Zur Schulung des Körpergefühls ist es in jedem Fall eine schöne Übung dem Hund beizubringen, auf bestimmten, von Ihnen angezeigten Gegenständen und Geräten, zu balancieren. Die einfachste Grundform, die für einige vielleicht schon reichen mag, ist folgende, die als kleines Erlebnis den Spaziergang auflockern kann.

Lassen Sie Ihren Hund mit „Hopp" auf einen Baumstamm oder ein Gartenmäuerchen springen und veranlassen Sie ihn, unter „Langsam" bis zum Ende zu gehen. Der Abgang darf nur auf Ihren Befehl hin erfolgen. Für geschickte Hunde kann man die Übung erschweren, indem die Breite des Stammes oder des jeweiligen Gerätes verringert wird. Die Hundepfote verfügt nicht über spitze Krallen wie die einer Katze, deshalb sind glatte Oberflächen für den Balanceakt zu meiden.

Reden Sie dem Hund beim langsamen Vortasten auf dem Gerät mit „Brav, Langsam" gut zu. Vermeiden Sie in dieser Übung den Hund mit Futter zu locken, damit er genau aufpasst, was er tut und nicht durch das Futtermittel abgelenkt wird. Durch Kurven und Winkel kann man die Übung später zusätzlich erschweren, ebenso durch den Befehl „Zurück".

Bei besonders unsicheren Hunden hat es sich bewährt, durch eine Körpermassage, die vom Rücken ausgehend an den Beinen herunter bis zu den Zehen und wieder zurück durchgeführt wird, die Trittsicherheit und somit auch das Selbstvertrauen des Hundes zu erhöhen. Die Hunde bekommen durch die Massage ein besseres Gefühl für ihren eigenen Körper und somit auch dafür, wo sie ihre Füße hinstellen.

Diese Übung kann mit den Kommandos „Drehen" oder auch „Kreisel" kombiniert werden, was je nach Breite des Objekts, auf dem der Hund balanciert, recht anspruchsvoll ist.

75 Treppen steigen

Das Erklimmen einer Treppe lernen auch kleine und junge Hunde sehr schnell, wenn es darum geht, Ihnen zu folgen. Trotzdem sollten Sie sich vor Augen halten, dass das Erklimmen einer Treppe und das Hinuntergehen für Hunde anatomisch begründete Schwierigkeiten mit sich bringen kann. Rassen mit langem Rücken wie Dackel oder Bassets sollten das Treppensteigen vermeiden, denn sie sind sehr anfällig für Bandscheibenprobleme. Es kann aber auch andere Probleme geben. Vor allem große Rassen leiden

Welpen sollten nur ab und zu zur Übung Treppen laufen und ansonsten getragen werden.

Diese Übung kommt aus der Rettungshundeausbildung. Sie müssen vorsichtig vorgehen, damit Ihr Hund keine schlechten Erfahrungen mit der Leiter macht.

nicht selten an einer Missbildung des Hüftgelenkes, der sogenannten Hüftgelenkdysplasie (HD). Auch in solchen Fällen sollten Sie übermäßiges Treppenlaufen vermeiden.

Als Übung an Treppen kann man sowohl für die Hunde, die getragen werden sollen, als auch für die, die selber Treppen gehen können, als Trainingsziel ein Warten einbauen, das aus dem Wirkungsbereich der Blindenhunde entnommen ist. Beim Auf- und Abstieg soll der Hund vor der Treppe oder dem Treppenabsatz stehen bleiben.

Dies ist leicht zu erreichen, indem Sie den Hund zunächst mit der Leine an den Absatz führen und ihn mit „Steh" zum Anhalten und Verharren bewegen. Geben Sie dann, wenn Sie die Treppe auch hinuntergehen wollen, den Befehl „Lauf", um die Übung aufzuheben oder nutzen Sie sein ruhiges Stehen als Möglichkeit, ihn hochzunehmen. Achten Sie beim Tragen darauf, dass eine Hand den Brustkorb abstützt, während die andere Hinterläufe und Gesäß unterstützt. Tragen Sie Ihren Hund stets gegen Ihren Körper gedrückt. Das ist das Angenehmste für den Hund und auch für Sie die leichteste Form.

Beim Treppenaufstieg lässt man den Hund praktischerweise so anhalten, dass er mit den Vorderläufen auf der ersten Stufe steht. Halten Sie beim Kommando „Steh" die Leine gleichzeitig so kurz, dass er nicht noch eine Stufe weiterlaufen kann. Belohnen Sie ihn, wenn er in dieser Position verharrt. Nutzen Sie diese Position auch hier aus, um ihn hochzunehmen oder lösen Sie sonst die Übung wie gehabt nach einem Lob durch „Lauf" auf.

76 Leitern erklimmen

Das Besteigen einer Leiter erfordert vom Hund ähnlich viel Geschick wie das Balancieren. Um keine Verletzungen zu riskieren, sollte der Hund eine gewisse Ruhe an den Tag legen und nicht ein quirliger Kerl sein, der eigentlich toben will. Je nach Größe des Hundes dürfen die Leitersprossen nicht zu weit auseinander stehen. In jedem Fall sollten sie ausreichend breit und angeraut sein, sodass der Hund sicher darauf stehen kann. Geübt wird zunächst auf einer waagerecht aufgelegten Leiter.

Lassen Sie Ihren Hund von einem niedrigen Stuhl oder später auch einem Tisch aus starten, auf dem die Leiter aufliegt und geben Sie ihm am besten mit einer weiteren Person Hilfestellung. Reden Sie ihm aufmunternd zu und veranlassen Sie ihn, ganz langsam zu laufen, um mit jedem Tritt eine Sprosse zu erreichen. Locken Sie ihn nicht mit Futter, um ihn nicht abzulenken, aber belohnen Sie ihn, wenn er auf der anderen Seite angekommen ist. Es gilt hier, besonders strikt darauf zu achten, dass der Hund nie eine schlechte Erfahrung bei dieser Übung macht, denn das würde ihm den Spaß an dieser neuen Übung für lange Zeit verleiden.

Bedenken Sie, dass dem Hund kaum ein Festkrallen möglich ist. Überfordern Sie ihn am Anfang nicht, indem Sie ihn mehr als zweimal über die Leiter laufen lassen. Wiederholen Sie die Übung am besten täglich, bis er sie gut beherrscht.

Geben Sie dem Hund bei dieser schwierigen Übung genügend Halt und Hilfestellung, bis er sich ganz sicher fühlt.

Gehen Sie dann dazu über, nach und nach die Leiter etwas schräger zu stellen. Bitte bedenken Sie, dass ein Hund kein Kletterer ist; er wird also über einen bestimmten Winkel nicht hinauskommen.

77 „Zieh feste"

Hunde sind in der Lage, Dinge zu ziehen, die zu schwer oder zu groß sind, um von ihnen getragen zu werden. Allerdings muss gewährleistet sein, dass der Gegenstand oder ein Teil von ihm gut mit der Schnauze umfasst werden kann.

Machen Sie Ihrem Hund den Gegenstand vertraut, indem Sie ihm eine Stelle am Gegenstand zeigen, an der er gut mit der Schnauze „anpacken" kann (s. Übung 11 „Halten"). Schicken Sie den Hund dann mit „Apport" zu dem Gegenstand und loben Sie ihn, wenn er versucht ihn aufzunehmen. Fordern Sie ihn mit einem aufmunternden „Zieh feste" und „Apport" dazu auf, Ihnen den Gegenstand zu bringen. Ein Hund, der die Apport-Übung beherrscht, wird leicht verstehen, was Sie von ihm verlangen, und den Gegenstand heranschleppen. Wenn der Gegenstand schwer ist, wählen Sie eine nicht zu große Distanz, um den Hund nicht zu überfordern.

Bei Gegenständen, die zwar leicht, aber groß und unhandlich sind, kann man später die Übung dadurch erschweren, dass man den Hund den Gegenstand beispielsweise um eine Ecke oder durch eine Tür ziehen lässt. Für eine solch kniffelige Aufgabe muss der Hund sein ganzes Geschick einsetzen, um Erfolg zu haben. Honorieren Sie eine gelungene Übung mit entsprechend viel Lob und Aufmerksamkeit. Auch eine Treppe mit einem sperrigen Gegenstand zu erklimmen, den der Hund nur ziehend schleppen kann, ist eine Herausforderung!

Tricktraining

Dieses Kapitel ist den Tricks und Spaß-Befehlen gewidmet. Da die meisten Hunde in unserer Region als reine Familien- und Begleithunde gehalten werden, wird ein Großteil Zeit seines Lebens leider auch nicht seinen Anlagen entsprechend gefordert. Wie schon erwähnt, strebt der Hund als soziales Rudeltier nach fester Führung, nach **Teamarbeit** und **Anerkennung**. Er bringt in die Mensch-Hund-Beziehung einen unerschöpflichen Reichtum an Lernbegierde ein, den man sich leichter als bei anderen Haustieren zunutze machen und lenken kann.

Leider gibt es nach wie vor Hundeführer, die tapfer mit ihrem Hund auf den Hundeplatz gehen, um dort Spurensuche oder Vielseitigkeitsprüfungen zu trainieren, die aber mit dem Kopf schütteln, wenn man einem Hund das Männchenmachen beibringt. Das ist unverständlich, denn im Vordergrund bei der Arbeit mit dem Hund sollte die Freude an der gemeinsamen Beschäftigung stehen. Es gibt es keinen Grund, bestimmte Übungen als lächerlich abzutun. Um es auf einen Nenner zu bringen, auch wenn es banal klingen mag: Für den Hund ist es einerlei, ob er Männchen macht oder ein verschüttetes Opfer im Schnee sucht. Ob man sich für einen anspruchsvollen Ausbildungsweg oder nur für Späße mit dem Hund entscheidet spielt für den Hund keine Rolle. Er wird in beiden Fällen mit Eifer dabei sein.

Die im Folgenden aufgeführten Befehle sind Spaß-Befehle und kleine Tricks, die alle unter dem gleichen Aspekt zu sehen sind: Mit dem Hund zu arbeiten und ihn gleichzeitig sowohl körperlich als auch geistig zu fordern. Als Nebeneffekt können Sie damit Freunde und Bekannte immer wieder beeindrucken und überraschen. Es spielt überhaupt keine Rolle, ob Sie mit Übungen aus diesem oder einem anderen Kapitel arbeiten. Wichtig ist nur, den Hund nicht zu einem trägen, überfütterten Fellbündel verkümmern zu lassen, sondern einen treuen, lebensfrohen Kumpel und Weggefährten heranzubilden.

Dem Alter des Tieres sind hierbei keinerlei Grenzen gesetzt. Haushunde bleiben in aller Regel ihr Leben lang spielfreudig und begeisterungsfähig. Dies ist ein großer Vorteil bei der Ausbildung, bedeutet aber gleichzeitig, dass Sie sich mit dem Hund auch kontinuierlich beschäftigen und mit ihm arbeiten und/oder spielen müssen. Denn erst damit werden Sie Ihrem Hund in besonderer Weise gerecht.

Die gängigen Vorurteile, dass solch ein „Schnick-Schnack" an Befehlen und Übungen den Hund verweichlicht und er zum Einsatz bei „richtigen Arbeiten" dann nicht mehr in entsprechender Weise zu gebrauchen ist, stimmen nicht. Sie als Besitzer sehen am besten, wie lernbegierig Ihr Hund ist und können sich außerdem nach seinem Wesen richten. Der eine hat mehr Freude am Apportieren, der andere mehr bei Geschicklichkeitsübungen, der nächste an Tricks und Kunststücken. Arbeiten Sie sich schrittweise durch den Trainingsplan durch und eröffnen Sie nicht zu viele Baustellen gleichzeitig. Beginnen Sie die nächste Übung erst dann, wenn die vorhergehende schon gut beherrscht wird.

Übungen nur zum Spaß

Die folgenden Übungen sind Juxereien, die Spaß machen, aber keinen besonderen Zweck erfüllen. Probieren Sie aus, wie Ihr Hund auf die Trainingsanforderungen reagiert. Meist ernten die Hunde, wenn derartige Übungen im öffentlichen Bereich oder bei Freunden gezeigt werden viel Anerkennung, was für sie tatsächlich eine tolle zusätzliche Belohnung ist.

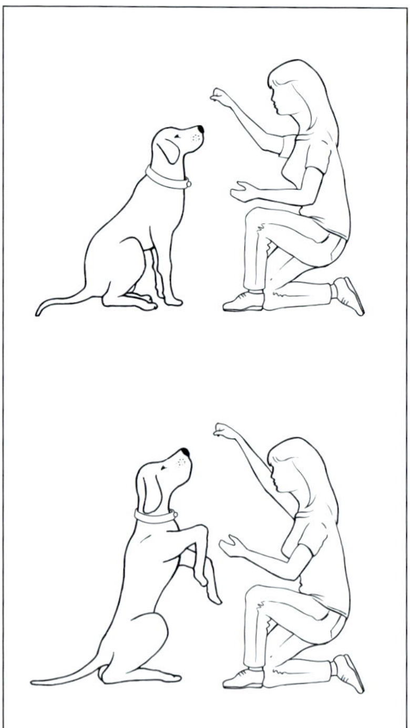

Männchen machen lässt sich mit Hilfe eines Leckerchens rasch erlernen.

78 „Männchen"

Beim „Männchen"-Machen soll der sitzende Hund seinen Oberkörper aufrichten und in dieser Stellung verharren, ohne dass die Vorderpfoten den Boden berühren. Dies ist besonders leicht durch ein Training mit Leckerchen zu erreichen.

Halten Sie dem Hund ein Leckerchen so vor die Nase, dass er es Ihnen nicht wegnehmen kann, führen Sie dann die Hand etwas nach oben und hinten, bis er die gewünschte Stellung eingenommen hat. Hält sich der Hund anfangs mit den Vorderpfoten an Ihrer Hand fest, ist das nicht schlimm. Feilen Sie nach und nach an der Leistung, bis er das „Männchen"-Machen ohne Abstützen beherrscht. Bedenken Sie, dass diese ungewohnte Haltung ganz andere Muskelgruppen beansprucht als normales Laufen. Achten Sie pro Trainingseinheit darauf, nicht zu viele Wiederholungen in Folge zu machen, um Verspannungen oder Muskelkater auf Hundeseite zu vermeiden.

79 „Auf"

„Auf" ist die stehende Variante von „Männchen", die Sie sich wiederum in verschiedenen Situationen praktisch zunutze machen können. So kann Ihr Hund beispielsweise, wenn Sie den Befehl mit „Apport" oder „Halten"

Die Übung gibt es frei stehend oder mit Abstützen am Hundeführer. Der Hund sollte sie nur kurz zeigen, damit seine Hüften und die Wirbelsäule nicht zu stark belastet werden. „Auf" und „Tanzen" können auch als Target-Übung aufgebaut werden.

kombinieren, Dinge aufheben und sie Ihnen anreichen. Sie können „Auf" in zwei verschiedenen Ausführungen lehren: indem sich der Hund abstützt oder ohne Abstützen.

Auch hier ist Locken eine einfache Methode, die schnell zum gewünschten Ziel führt. Halten Sie Ihre Hand mit dem Lockleckerchen so hoch, dass Ihr Hund nicht springen muss, um an das Leckerchen zu gelangen. Stellt sich Ihr Hund nicht auf die Hinterbeine, um an das Leckerchen zu gelangen, ermuntern Sie ihn mit „Nimm" oder ähnlichen Reizworten. Halten Sie das Leckerchen vor sich und klopfen Sie sich mit der flachen Hand ermunternd auf die Oberschenkel, den Bauch oder die Brust, je nachdem wie groß Ihr Hund ist. Das wird für den Hund bestimmt ein Anreiz sein, sich an Ihnen aufzustellen.

Belegen Sie beide Variationen dieser Übung (an Ihnen abgestützt zu stehen oder frei im Raum) mit unterschiedlichen Befehlen, wie „Auf" und „Tanzen". Auf diese Weise erhalten die Aktionen für den Hund verschiedene Bedeutungen und werden besser differenziert.

80 Seil springen

Ein Aufsehen erregendes Kunststück ist es, den Hund Seil springen zu lassen.

Bringen Sie ihm zunächst bei, auf „Spring" mit Ihnen völlig zeitgleich hochzuspringen. Beherrscht er dies, bitten Sie zwei Personen, ein langes Seil hin- und herzuschwingen, über das Sie dann gemeinsam mit Ihrem Hund springen. Erst wenn dies eine Zeit lang fehlerfrei geklappt hat, können Sie das Seil über Ihre Köpfe schwingen lassen. Gute Springer können Sie dann auch daran gewöhnen, alleine zu springen, während Sie mit einer Hilfsperson das Seil schwingen.

Eine andere Variante des Seilspringens ist, dem Hund beizubringen, sich beim Sprung mit den Vorderpfoten auf Ihren Oberschenkeln abzustützen, sodass Sie dann mit dem Hund zusammen Seil springen können, ohne dass eine weitere Hilfsperson notwendig ist.

81 „Kreisel"

Dies ist ein reiner Jux-Befehl, schult aber durchaus das Körpergefühl des Hundes (ab S. 115 Geschicklichkeitsübungen).

Diese Übung kann leicht über locken oder auch durch den Einsatz eines Target-Stabes (Nasen-Target) aufgebaut werden. Verleiten Sie den Hund, eine komplette Drehung um die eigene Achse auszuführen. Führen Sie, wenn alles gut gelingt, ein Sprachkommando ein und bauen Sie nach und nach Ihre Hilfestellung ab. Auch hier lernt der Hund die Bewegung als ein Raumbild. Wenn er „Kreisel" in beide Richtungen lernen soll, sollten zwei getrennte Übungen (mit unterschiedlichen Signalen) daraus gemacht werden.

82 „Rollen"

Locken Sie den Hund in dieser Übung aus der „Peng"-Stellung heraus mit einem Leckerchen weiter, sodass er sich über den Rücken auf die andere Seite dreht. Durch die entsprechenden Belohnungen wird Ihr Hund bald verstehen, was Sie von ihm möchten. Nun können Sie dazu übergehen, die Übung ohne die „Peng"-Übung (vgl. Seite 122) zu verlangen. Geben Sie ruhig visuelle Hilfestellungen, ganz gleich welcher Art, die später auch als Sichtzeichen eingesetzt werden können. Ob Sie die Übung so aufbauen, dass Ihr Hund zum Schluss steht oder nur auf der anderen Seite liegt, hängt von Ihnen und der Intensität Ihrer Hilfestellung ab.

Achtung
Bei Hunden mit entsprechender Veranlagung und Magenfüllung kann das Über-den-Rücken-Drehen eine Magendrehung auslösen. Verzichten Sie bei diesen Kandidaten aus Gründen der Gefahrenprophylaxe auf diese Übung.

83 „Tschüss"

Bei der „Tschüss"-Übung ist das Ziel, den Hund dazu zu bringen, aus der „Sitz"-Stellung heraus wahlweise mit der rechten oder der linken Pfote zu winken. Hierzu sollte er das Pfötchengeben bereits beherrschen.

Lassen Sie den Hund frontal absitzen, bleiben Sie stehen und geben Sie den Befehl „Tschüss" und „Pfötchen". Gibt der Hund das Pfötchen ins Leere

Viele Hunde lieben das Wälzen. „Rollen!" ist deshalb ein Befehl, der Spaß macht.

und rudert dabei wie beim Winken mit der Pfote in der Luft, haben Sie die erste Lernphase schon abgeschlossen. Bringen Sie ihn nun noch dazu, länger zu winken und hierbei die Pfote hochzuhalten, indem Sie beispielsweise ein Leckerchen oder nur die Hand mit gestrecktem Zeigefinger hochhalten und Ihr Lob entsprechend einsetzen. Diese Übung ist auch mit dem Clicker mittels Target-Training (Pfoten-Target) sehr gut aufzubauen, denn dann weiß der Hund leicht, dass er die Pfote in dieser Übung relativ hoch halten soll. Bauen Sie später das Target-Objekt als Hilfsmittel wieder ab.

84 „Zählen"

Im Gegensatz zu einigen Vogelarten sind Hunde nicht sehr talentiert, mit Zahlen zu jonglieren. Als Gag können Sie aber durchaus trainieren, dass der Hund auf ein von Ihnen gegebenes Zeichen hin anfängt, beispielsweise die Pfote zu heben oder zu bellen, bis er auf ein erneutes Zeichen wieder aufhört. So entsteht der Eindruck, als ob der Hund zählt bzw. eine Rechenaufgabe löst.

Bei diesem Gag setzen wir – wenn der Hund die entsprechende Zahl durch Heben der Pfote anzeigen soll – die Übungen 69 („Pfötchen") oder 83 („Tschüss") bzw. – wenn die jeweilige Zahl durch Bellen angegeben werden soll – die Übung 41 („Laut" und „Leise") ein, und zwar jeweils in Verbindung mit einem Sichtzeichen (beispielsweise einem Taschentuch). Wichtig ist, dass der Hund die Verknüpfung zwischen dem Befehl, den er zunächst fehlerfrei beherrschen muss, und dem Sichtzeichen herstellt, also Beginn und Ende des Zählens (Hochhalten oder Wegstecken eines Taschentuchs). Dies ist leicht zu schaffen, wenn Sie ihn immer erst dann belohnen, wenn das Sichtzeichen weggenommen und der Hund bis dahin ständig angehalten wurde, mit der Ausführung seiner Handlung fortzufahren. Bereits nach ein paar Tagen mit kurzen Trainingssitzungen wird er die Verbindung hergestellt haben und fortan auf das Sichtzeichen reagieren.

Welche Freude für den Hund, wenn er beim Ostereiersuchen mitspielen darf!

85 Ostereier suchen

Diese Übung haben meine Hunde vor Jahren selbst ins Leben gerufen. Kurz nachdem ich für die Kinder, die gerade zu Besuch bei uns waren, Ostereier versteckt hatte, kamen sie auch schon mit den ersten Eiern in der Schnauze an. Die Kinder waren damals begeistert, und seither herrscht Ostern bei uns zu Hause stets Hochkonjunktur für diese Übung, denn dann dürfen unsere Hunde die versteckten Osterkörbe und Eier mitsuchen. Man muss dazu sagen, dass sie dies immer mit größerem Erfolg als wir selbst tun. Sogar die Hühnereier apportieren sie ganz vorsichtig, ohne dass die Schale kaputtgeht.

Die einzige Schwierigkeit bei den mit Speck eingeriebenen Hühnereiern besteht darin, dem Hund zu vermitteln, sie möglichst vorsichtig aufzunehmen und so zu tragen, dass sie nicht kaputtgehen. Dies machen viele Hunde von sich aus sehr gut, ansonsten hilft es meist, sie mit langsamen und leiser gesprochenen Befehlen zu mehr Vorsicht anzuhalten. Lassen Sie Ihren Hund am besten immer wieder dasselbe Ei suchen, das Sie ihm an verschiedenen Stellen verstecken können, während der Rest der Familie ebenfalls mit Suchen beschäftigt ist. Vielleicht können Sie ihm ja auch als besondere Belohnung das hart gekochte Ei am Schluss ganz überlassen.

86 „Schnapp"

Das Schnappen ist in den meisten Fällen eine beim Hund sehr beliebte Übung, da man sie anfänglich am besten mit gezielt geworfenen Leckerchen übt.

Werfen Sie die Leckerchen unter „Schnapp" so, dass Ihr Hund sie, wenn er nicht schnappt, ins Gesicht bekommt. Das reicht zum Schnappen meist als Reiz aus. Lassen Sie den Hund während dieser Übung ausschließlich die geschnappten Leckerchen fressen. Sonst hätte die Übung als Befehl keinen Sinn, da sie sich für den Hund dann nämlich nur als willkommener Leckerchenregen darstellt.

Eine weitere Methode, dem Hund das Schnappen von Leckerchen beizubringen, ist die, dass Sie ein beliebtes Leckerchen so hochhalten, dass es wenige Zentimeter über der Hundeschnauze ist und der Hund seinen Kopf weit in den Nacken legt, um es nicht aus dem Blick zu verlieren. Lassen Sie das Leckerchen nun genau auf bzw. bei geöffneter Schnauze in seine Schnauze fallen. Je gieriger der Hund ist, desto schneller wird er lernen, dass „Schnapp" die schnellste Möglichkeit ist, an ein Leckerchen zu kommen.

Die „Schnapp"-Übung mit Leckerchen ist der Vorläufer für das Schnappen von Bällen, was bei Apport-Spielen gut einzusetzen ist oder das Aus-der-Luft-Fangen von Wurfscheiben, wenn Sie mit dem Hund in diese Richtung freizeitsportlich arbeiten wollen. Sie ist auch Grundvoraussetzung für die folgende Übung.

Den Befehl „Schnapp" erlernen die meisten Hunde mit Hilfe einiger Leckerchen sehr schnell.

87 Balancieren von Leckerchen auf der Nase

Vor dem Erlernen dieser Übung sollte der Hund bereits die „Schnapp"-Übung beherrschen.

Lassen Sie Ihren Hund frontal absitzen und setzen Sie sich vor ihn hin. Umgreifen Sie mit einer Hand die Schnauze, die Sie in der Waagerechten ruhig halten, und legen Sie ein Leckerchen vorn auf die Hundenase. Mit „Bleib" veranlassen Sie dann den Hund, sich in dieser Stellung nicht zu bewegen. Nach und nach sollten Sie auf die Hilfestellung durch Ihre Hand verzichten. Die erste Schwierigkeit dieser Übung ist gemeistert, wenn der Hund beliebig lange mit dem Leckerchen auf der Nase ruhig sitzen bleibt, ohne dass es herunterfällt. Gehen Sie dann dazu über, durch Andeuten eines Wurfes den Hund zum Schnappen zu veranlassen. Hierbei fliegt das balancierte Leckerchen in die Luft und soll vom Hund aufgeschnappt werden.

Das geht umso einfacher, je weiter vorne das Leckerchen auf der Nase liegt. Achten Sie darauf, dass Ihr Hund stets nur auf Ihren Befehl hin das Leckerchen durch seine Kopfbewegung hochfliegen lässt, um es dann aus der Luft zu schnappen. Er sollte es noch nicht hochwerfen, wenn Sie es gerade erst zum Balancieren hingelegt haben. Flache Leckerchen sind in dieser Übung ideal, da sie leichter auf der Nase abzulegen sind.

88 Hunde-Fußball

Die meisten Hunde, besonders aber junge und temperamentvolle, haben viel Spaß an schwungvollen und bewegungsreichen Aktivitäten. Das Fußballspielen eignet sich deshalb in besonderer Weise dazu, es in einer abgewandelten Form als Übung einzuführen. Grundsätzlich gibt es zwei Varianten: Bei der einen soll der Hund den Ball mit der Nase, vielleicht auch unter Zuhilfenahme seiner Vorderbeine vorantreiben, bei der anderen nimmt man keinen Ball, sondern einen Luftballon und spielt quasi Nasenball mit dem Hund.

Führen Sie zu Beginn dieser Übung den Ball oder Ballon unter großem Tamtam ein, sodass das Interesse des Hundes geweckt wird. Dirigieren Sie nun mit viel Lob und aufmunternden Worten den Hund mit dem Ball von hier nach dort oder vielleicht sogar auf ein Ziel oder Tor zu. Versucht er, den Ball mit den Zähnen zu fassen, korrigieren Sie ihn und belohnen Sie ihn, wenn er wieder richtig weiterdribbelt.

Zirkustricks und Showelemente

Mit ein wenig Training können tolle kleine Szenen einstudiert und vorgeführt werden. Ihrer Phantasie sind hierbei keine Grenzen gesetzt! Lus-

Zuerst wird das Leckerchen auf die Nase gelegt, dann kommt der Befehl „Schnapp!" – und schon landet die Belohnung zwischen den Zähnen!

Den Luftballon darf man beim Fußballspiel leider nur sachte mit der Nase stupsen, sonst ist er gleich kaputt.

tige Szenen, gemäß der Hundefutterreklame, können Sie natürlich auch unter Einbeziehung einiger Personen üben oder gar filmen, wenn Sie mögen.

89 Gesangstalente

Abgesehen vom Bellen haben Hunde die Fähigkeit auch noch eine ganze Reihe anderer Töne von sich zu geben, was Sie auch zu einer Übung umgestalten können. Durch gute Beobachtung werden Sie schnell herausfinden, in welcher Situation, welche Laute von Ihrem Hund benutzt werden. Unterschiedliche Rassen bringen auch ganz unterschiedliche Talente für diese Übung mit.

Wollen Sie erreichen, dass der Hund seine Töne auch auf Befehl wiedergibt, ist bei der Belohnung der richtige Moment von größter Bedeutung, damit er seine Handlung auch mit dem neu eingeführten und zu verknüpfenden Befehl in Verbindung bringen kann.

Sobald das Kommando etabliert ist, können mit dieser Übung herrliche kleine Scherze gemacht werden. Dies ist umso lustiger, je außergewöhnlicher die Töne sind, die Ihr Hund von sich gibt.

90 „Spiel es noch einmal, Sam“

Bei dieser Übung werden die schon besprochenen Übungen „Pfötchen“ (Übung 69) und „Hopp“ (Übung 71) zu einer neuen Übung kombiniert, bei der der Hund Klavier spielen soll. Der legendäre Satz aus dem Film Casablanca: „Spiel es noch einmal, Sam“ eignet sich gut als Spaß-Befehl.

Zunächst müssen Sie den Hund dazu bringen, unter „Hopp“ und einem entsprechenden Sichtzeichen, beispielsweise einem aufmunternden Armschwung, auf den Klavierhocker zu springen und dort mit Blickrichtung auf die Tastatur entweder abzusitzen oder stehen zu bleiben. Im Weiteren verwendet man zunächst eine Kombination der Befehle „Spiel es noch einmal, Sam“ und „Pfötchen“, bis der Hund, der der Einfachheit halber das Pfötchengeben schon beherrschen sollte, schließlich nur auf „Spiel es noch einmal, Sam“ seine Pfote gibt. Um zu erreichen, dass der Hund den Befehl damit verbindet, dass er mit der Pfote die Tasten berühren soll, müssen Sie mit dem Loben oder mit der Gabe eines Leckerchens genau in dem Moment einsetzen, wenn der Hund dem Klavier einen Ton entlockt hat. Hilfreich kann es sein, die Hand, in der Sie das Leckerchen halten, ganz dicht über die Tasten zu halten.

Tipp
Die Problematik des Timings können Sie durch den Einsatz des Clickers aufheben.

Wenn Sie sehen, dass der Hund an dieser Übung großen Spaß hat, können Sie sie auf folgende Weise erweitern: Trainieren Sie mit ihm zunächst, immer abwechselnd die eine und dann die andere Pfote zu geben (s. Übung 69). Wenn er dies gut beherrscht, können Sie die Übung vervollständigen, indem Sie ihn wie oben beschrieben mit „Hopp“ auf den Hocker springen und dann mit beiden Pfoten abwechselnd ein wenig auf dem Klavier klimpern lassen.

91 Einkaufen gehen

In Spielwarenläden für Kinder gibt es kleine Einkaufswagen, die für diese Übung benötigt werden. Vorweg aber noch einige Worte zur Übung selbst: Sicherlich bleibt diese Übung, in der der Hund mit den Vorderpfoten den Wagen schieben soll und auf Ihren Befehl hin verschiedene Sachen in den Wagen legen muss, ohne tieferen Sinn. Ich selbst habe diese Übung das erste Mal im Zirkus gesehen, als ich noch ein Kind war und sie später mit meiner Hündin Tinta ausprobiert. Die Übung entbehrte nicht einer gewissen Komik und auch der Hund hatte viel Spaß daran.

Aufgrund der vielen kleinen Teilübungen während der Gesamtübung, wird diese Übung zu einer recht komplexen Angelegenheit, die ein Hund nur erlernen kann, wenn er die erforderlichen Teilübungen schon beherrscht.

In der ersten Phase müssen Sie, um dem Hund die nötige Sicherheit bei dieser Übung zu geben, zu-

Mit Hilfe einiger Leckerbissen lässt sich selbst das Schieben eines Kinderwagens oder Einkaufwagens erlernen.

nächst den Wagen unten so beschweren, dass er nicht umkippen kann, wenn der Hund sich dagegen lehnt. Halten Sie den Wagen dann so fest, dass er sich nicht bewegt, wenn Sie den Hund beispielsweise über das Kommando „Auf" oder mit einem Lockleckerchen dazu bringen, am Wagen mit den Vorderpfoten abgestützt aufzustehen. Trainieren Sie mit Ihrem Hund, dass er in dieser Position eine Weile bleiben kann.

Hat er diese Übung schon einige Male gemacht, können Sie zur zweiten Phase übergehen, in der Sie ihm das Wagenschieben beibringen müssen. Auch hierzu stützen Sie den Wagen ab, aber nicht so stark, und lassen den Hund wiederum am Wagen aufstehen. Nun geben Sie ihm aber nicht sofort den Happen, sondern lassen etwas den Druck vom Wagen weg, sodass der Hund ganz langsam vorwärtsgehen muss. Das Leckerchen halten Sie ihm so vor die Schnauze, dass er es nicht erreichen kann. Ein knapper Meter muss für die erste Übung reichen! Loben Sie den Hund überschwänglich und belohnen Sie ihn mit dem Lockmittel.

Üben Sie an den darauffolgenden Tagen das Gehen immer ein bisschen weiter und mit immer weniger Hilfestellung Ihrerseits. Ziel dieser Teilübung ist es, dass der Hund auf einen beliebigen Befehl hin, wie „Einkaufen", den Wagen so lange schiebt, bis Sie die Übung beenden. Achten Sie nur darauf, dass er eine ausreichend lange, ebene Strecke vor sich hat, ohne dass ein Teppich oder eine Zimmerecke die Weiterfahrt vereitelt.

Beherrscht er das Schieben des Einkaufswagens, können Sie Ihren Hund dazu veranlassen, verschiedene Dinge in den Wagen zu legen. Hierfür eignet sich grundsätzlich alles, was Sie ihm vorher unmissverständlich gezeigt haben. Wenn er vorher schon den Befehl „Aufräumen" (Übung 46) gelernt hat, ist diese Übung natürlich relativ einfach. Die Schwierigkeit besteht unter Umständen darin, dass sich der Wagen bewegen kann, während der Hund den benannten Artikel „Aufräumen" soll – je nachdem, wie die Rollen angebracht sind. Letztendlich sollte der gesamte Übungsablauf, bei dem beide Übungen kombiniert werden, so aussehen, dass der Hund den Wagen bis zu dem Gegenstand schiebt, den er „Einkaufen" bzw. „Aufräumen" soll, und dann ohne einen weiteren Zwischenbefehl – der zum Erlernen natürlich unerlässlich ist – den Wagen bis zum nächsten Gegenstand weiterschiebt, den er in den Wagen legen soll usw.

Showelemente für ein Hunde-Duo

Sollten Sie zwei Hunde haben, gibt es selbstverständlich die Möglichkeit, beide Tiere zusammen eine Übung absolvieren zu lassen. Auch hier gibt es natürlich sehr viele Variationsmöglichkeiten. Zunächst werden zwei Übungen vorgestellt, die nur möglich sind, wenn sich Ihre beiden Hunde uneingeschränkt gut verstehen und sie einen auffälligen Größenunterschied aufweisen, wie Bernhardiner und Yorkshireterrier.

92 Bremer Stadtmusikanten

Ist Ihr großer Hund sehr ruhig und der kleine ein guter Springer, lassen Sie den kleinen doch einmal auf den Rücken des großen springen. Hierzu müssen Sie beiden Hunden vorher getrennt die jeweiligen Befehle beigebracht haben, was für den großen Hund in diesem Fall „Steh" und für den kleinen „Hopp" wäre.

Zum Anlernen der eigentlichen Übung, mit der erst begonnen werden kann, wenn die Vorübungen gut beherrscht werden, empfiehlt es sich, den kleinen Hund an einer der beiden Breitseiten des großen absitzen zu lassen. Sie selbst sollten sich auf die andere Seite stellen und den kleinen Hund mit einem Zuruf oder Sichtzeichen dazu bewegen zu springen. Ist Ihr großer Hund auch mit einer anderen Person sehr vertraut, kann es nichts schaden, wenn diese an der Kopfseite des Hundes bleibt, ihn vielleicht unter dem Kinn krault, ihm ein Leckerchen gibt oder auch mit „Steh" auf ihn einwirkt, sobald er sich von seiner angewiesenen Position fortbewegen oder sich hinsetzen will.

In dem Moment, in dem der kleine Hund den Rücken er-

Mit zwei unterschiedlich großen Hunden lassen sich viele Kunststückchen üben, wenn sich die beiden sehr gut verstehen.

klommen hat, stützen Sie ihn ab und loben Sie beide Tiere überschwänglich. Am besten indem Sie dem kleinen Hund und Ihr Helfer dem großen Hund Anerkennung zollen. Lassen Sie anschließend den kleinen Hund sofort herunterspringen. Sie sollten erst nach und nach die Zeit verlängern, in der der kleine Hund auf dem Rücken thront.

Um von Anfang an keine Aversion gegen diese Übung aufkommen zu lassen, können Sie auch eine gefaltete Decke auf dem Rücken des großen Hundes ausbreiten, damit dieser den kleinen weniger spürt. Nach und nach können Sie später die Decke Lage um Lage auffalten, bis Sie die Übung zuletzt ohne Hilfsmittel verlangen können. Wenn Sie sich des Deckentricks bedienen, achten Sie streng darauf, dass diese nicht rutscht und so dem kleinen Hund die Übung verleidet.

Diese Übung können Sie noch zusätzlich erschweren, wenn Sie den kleinen Hund zunächst aufspringen und den großen dann langsam gehen lassen. Zum Anlernen ist es am einfachsten, wenn eine Hilfsperson den großen Hund langsam führt, während Sie den kleinen nötigenfalls abstützen. Wenn Sie sehen, dass die Übung den beiden Hunden großen Spaß bereitet – zumal sie natürlich nach erfolgreicher Übung stets gebührend gelobt werden – können Sie noch eine Stufe weitergehen und den kleinen Hund aufspringen lassen, während der große läuft.

93 Beine-Tunnel

Die zweite Übung für Hunde mit auffälligem Größenunterschied sieht so aus, dass der kleinere zwischen den Beinen des großen Hundes hindurchlaufen soll. Es empfiehlt sich hierfür, mit dem großen Hund vorher separat die Übungen „Steh" und „Bleib" und mit dem kleinen die Übung „Hier" und „Kriechen" geübt zu haben – je nachdem, wie gut er unter dem anderen hindurchpasst.

Lassen Sie den kleinen Hund auf der einen Seite absitzen, während Sie auf der gegenüberliegenden Breitseite des großen Hundes stehen und den kleinen mit „Hier" oder „Kriech" dazu anhalten, unter dem anderen Hund hindurchzukommen.

Wenn Sie beide Übungen mit Ihren Hunden trainieren und merken, dass die Tiere Spaß daran haben, können Sie sie auch so kombinieren, dass der kleine Hund von der einen Seite auf den Rücken des großen springt, auf der anderen Seite wieder runterspringt und dann unter ihm hindurchläuft, bis er – auf der anderen Seite angekommen – von dort wieder auf dessen Rücken springt.

94 Tisch decken

Die Idee zu dieser Übung stammt ebenfalls aus dem Zirkus. Es handelt sich hierbei um eine kleine Show, bei der der Hund zusammen mit einer Person agiert, die einen Tisch decken will.

Teller, ein Blumenstrauß und Servietten werden von der Person zunächst auf einem Hocker abgestellt, um das Tischtuch aufzulegen. In dieser Zeit stiehlt der Hund die Teller und stellt sie in einiger Entfernung auf dem Boden ab. Die Person bemerkt, dass die Teller fehlen und geht neue holen. In ihrer Abwesenheit stiehlt der Hund den Blumenstrauß und während die Person wiederum einen anderen Blumenstrauß holen geht, stiehlt der Hund schließlich auch noch die Servietten und stellt alles in einiger Entfernung auf dem Boden wieder richtig auf.

Zum Höhepunkt des Sketches kommt eine zweite Person mit Hund herein und dieser Hund setzt sich sofort zu dem ersten an den auf dem Boden gedeckten Platz.

Um die Abfolge zu erreichen, muss man den neuen Befehl in der Anlernphase selbstverständlich zunächst mit dem Befehl koppeln, der dem Hund für seine Teilhandlung schon bekannt ist.

Leicht fällt es dem Hund, die Handlungen zu zeigen, wenn ihm die Übungen schon länger vertraut sind. Zum Einsatz kommen die Übungen „Apport“, „Aufräumen“, „Voraus“, „Sitz“ und „Bleib“. Der Befehl „Aufräumen“ wird in etwas abgewandelter Form benutzt: Der Hund soll die Gegenstände an markierten Stellen auf dem Boden abstellen, statt sie in einen Behälter fallen zu lassen. Dank der Ähnlichkeit dieser beiden Aktionen ist diese neue Bedeutung des Befehls für den Hund in der Regel jedoch leicht zu begreifen.

Am gedeckten Platz soll Ihr Hund mit „Bleib“ dazu veranlasst werden, sitzen zu bleiben, während der zweite Hund – der nur unter der Voraussetzung mitwirken kann, dass er bereits die Befehle „Voraus“, „Sitz“ und „Bleib“ beherrscht – sich ihm gegenüber hinsetzt. Ein gutes Verhältnis der Hunde untereinander ist vorausgesetzt. In der Anlernphase ist es für den zweiten Hund hilfreich, wenn man an der Stelle, wo er sich hinsetzen soll, ein Zielobjekt (Target oder auch sein Lieblingsspielzeug) auslegt. An diesem Ort soll er dann ebenfalls verharren, bis die Übung durch eine großartige Belohnung für beide Hunde beendet wird.

Für das richtige Aufstellen der Teller, des Blumenstraußes und der Servietten wird der Befehl „Aufräumen“ (Übung 46) benutzt, den der Hund bereits beherrschen sollte. Markieren Sie die Stellen, an denen er die Sachen hinstellen soll, anfangs beispielsweise durch ein kleines Tuch, auf das er die Gegenstände stellen soll. Das „Stehlen“ der Sachen von dem Hocker, auf den die Person die Gegenstände zu Beginn abgestellt hatte, besteht aus einer „Apport“-Übung.

Ein gutes Timing zwischen dem Hund und der mit ihm agierenden Person ist wichtig, damit es auf den Zuschauer perfekt wirkt. Durch besonders langsam gesprochene Befehle bewirkt man im Allgemeinen auch eine langsamere Ausführung, während man durch schwungvolle, etwas lauter und zackig gegebene Befehle den Hund dazu anstachelt, schneller zu arbeiten.

Die Brillanz dieser Übung liegt darin, die Hilfen – also die am Anfang notwendigen Zwischenkommandos – so unauffällig wie möglich zu geben.

95 Weitere Showbeispiele für ein Hunde-Duo

- Trainieren Sie, dass der eine Hund Pfötchen ins Leere gibt, was dann gleichzeitig das Sichtzeichen für den zweiten Hund ist, sich zu setzen oder Ähnliches.
- Bringen Sie einem Hund bei, die Leine des anderen zu tragen.
- Bringen Sie Ihrem einen Hund bei, ein Brötchen auf den Röst-Aufsatz eines Toasters zu legen (s. Übung 46: Aufräumen) und Ihrem anderen Hund den Schalter des Toasters zu betätigen (s. Übung 53: Licht an- und ausschalten).

Und hier noch eine Übung, die die Disziplin Ihres Hunde-Teams schult: Lassen Sie den einen Hund abliegen, während Sie mit dem anderen eine Übung machen und wechseln Sie dann. Achten Sie darauf, dass hierbei nie Konflikte zwischen den Hunden entstehen! Wenn die Übung ordentlich ausgeführt wurde, loben Sie den Hund, der an einem Ort verharren soll genauso wie den anderen, der mit Ihnen arbeitet.

Beide Hunde sollten ihren Anlagen entsprechend gefordert und von Ihnen gemäß ihrer eigenen Hunderangordnung behandelt werden. Zollen Sie dem ranghöheren bei diesen Durchgängen grundsätzlich etwas mehr Aufmerksamkeit. Wenn Sie sich danach richten, werden die beiden Hunde sicherlich viel Spaß an den neuen Übungen haben.

Eigenarten fördern

Bei nahezu jedem Hund kristallisieren sich kleine Eigenarten in seinem Verhaltensmuster heraus. Hierzu zähle ich Angewohnheiten wie im Handstand zu pinkeln, wie es Gipsy, die kleine Mischlingshündin meiner Freundin tut, oder aber Tennisbälle in Pfützen oder unter dem Rasensprenger zu waschen, was sich meine Hündin Tinta angewöhnt hat.

Ihre Aufgabe besteht jetzt darin, durch gezieltes Loben eine dauerhafte Verknüpfung herzustellen, um die individuelle Eigenart Ihres Hundes somit zum Befehl zu formen. Ist die Verknüpfung geglückt, kann der Befehl von Ihnen jederzeit verlangt werden. Sehr nützlich ist es beispielsweise, wenn Ihr Hund sich nach einem Regenspaziergang auf Befehl vor der Haustüre schüttelt und nicht erst im Wohnzimmer!

Im Allgemeinen dauert eine solche Verknüpfung etwas länger, da das von Ihnen gegebene Hörzeichen mit anschließendem Lob, beispielsweise „Waschen", „Brav", während der Aktion des Hundes zunächst nicht klar als Befehl von ihm erkannt wird. Mit der Zeit können Sie aber versuchen, ihn mit dem jeweiligen Lautzeichen, das er ja dann schon kennt, zu der angestrebten Handlung zu reizen. Ein gutes Timing zwischen dem Signalwort und der Handlung in der Anlernphase ist die Voraussetzung. Idealerweise sollte das Kommando etwa 0,5 Sekunden vor der Handlung erfolgen, wenn diese von Ihnen im Vorfeld schon erkannt werden kann. Das ist natürlich nicht immer fachgerecht ein-

Äußerst nützlich nach einem Regenspaziergang: das Schütteln auf Befehl!

zuhalten. Versuchen Sie aber möglichst genau zu sein, denn sonst ist eine Verknüpfung für den Hund kaum möglich.

Loben Sie in dem Moment überschwänglich, in dem der Hund mit der gewünschten Handlung einsetzt. Im Übrigen lernt der Hund umso schneller, seine Handlung mit dem zu Beginn völlig überraschenden Lob zu verknüpfen, je lieber er die Belohnung hat, aber auch je seltener er diese bekommt. Setzen Sie also beispielsweise sein Lieblingsspielzeug ein, das Sie ihm eine Zeit lang vorenthalten haben oder ein besonders begehrtes Leckerchen. Mit etwas Geduld wird sich sicher das gewünschte Resultat einstellen, wobei anfangs der Hund praktisch selbst bestimmt, wann die Übung eingeschoben wird.

Da die Eigenarten vielfältig sind, sollen hier nur einige Verhaltensmuster, die fast jeder Hund an den Tag legt und auch solche, die durch eine gewisse Manipulation leicht zu provozieren sind, als Befehle beschrieben werden. Alle diese Handlungen können beim Einsatz des Clickers über die Methode „Stärkung von Spontanverhalten" eingefangen und, sobald sie nicht mehr nur zufällig ab und zu, sondern auffallend häufig gezeigt werden, auf Signal gesetzt werden.

96 Strecken

Nach dem Schlafen recken und strecken sich fast alle Hunde, bevor sie wieder richtig auf Trab kommen. Hat Ihr Hund die Angewohnheit, sich so zu strecken, dass er den Vorderkörper

Das genüssliche Strecken können Hunde ebenfalls auf Befehl vorführen.

senkt und das Hinterteil in die Höhe streckt, können Sie dies zur Verbeugung umfunktionieren.

Wenn ein Hund einen anderen zum Spiel auffordern will, nimmt er ebenfalls eine Position ein, die an eine Verbeugung erinnert. Im normalen Spielverlauf wird er nun in dieser Haltung bellen oder losspringen. Wir machen uns also zunutze, dass diese Position im normalen Hundeverhalten auftritt und entnehmen somit – wie auch beim Pfötchengeben – einen Baustein aus dem Sozialverhalten der Hunde, um diesem als Befehl eine zusätzliche Bedeutung zu geben.

Zum Lehren dieses Befehls gibt es zwei Möglichkeiten: Zum einen die, dass Sie immer in dem Moment „Diener" sagen, wenn Ihr Hund beim Sich-Strecken den Vorderkörper senkt und ihn dann überschwänglich loben, bis er eine Verknüpfung der Aktion mit dem Wort hergestellt hat. Das beste Timing ist hier auch wieder über den Einsatz des Clickers zu erreichen oder aber Sie halten Ihren Hund über den Einsatz von Hilfestellung an, die gewünschte Position einzunehmen. Als Ausgangsstellung zum Erlernen dieses Befehls benutzen Sie die „Steh"-Stellung, wobei Sie sich zweckmäßigerweise selbst neben Ihren Hund hocken. Unter „Diener" und einer eleganten Handbewegung, die Sie später als Sichtzeichen nutzen können, indem Sie Ihren Hund beispielsweise zur Begrüßung Ihrer Gäste einen Diener machen lassen, veranlassen Sie ihn durch Locken mit einem

Leckerchen dazu, sich vorne herunterzubeugen. Sollte sich Ihr Hund ganz legen wollen, verhindern Sie dies mit Ihrer anderen Hand, die sie ihm unter den Bauch halten. Lassen Sie den Hund einige Sekunden in dieser Stellung verharren, loben Sie dann kräftig und belohnen Sie ihn mit dem Leckerchen. Verhindern Sie nach Möglichkeit auch, dass sich der Hund nach dem Loben hinlegt und lassen Sie ihn, wenn nötig mit einem weiteren Leckerchen, nach vorne aufstehen. Vermindern Sie nach und nach Ihre Hilfestellungen, bis Ihr Hund schließlich einen Diener macht, während Sie stehen und ihm nur den Befehl oder Ihr Zeichen geben.

Tipp
Bei der Anwendung von Clickertraining kann diese Übung auch mit einem Target-Stab (Nasen-Target) sehr leicht trainiert werden. Die Spitze des Targets sollte in diesem Fall zwischen den Vorderfüßen des Hundes positioniert werden, sodass sich der Hund entsprechend bücken muss, um die Spitze des Targets mit der Nase zu erreichen.

97 Kratzen

Wenn Sie Situationen kennen, in denen sich Ihr Hund immer wieder einmal kratzt, schaffen Sie eine solche Situation künstlich, um ihn zu seiner Handlung anzuhalten. Kombinieren Sie auch hier wieder seine Aktion mit Ihrem Lautzeichen, beispielsweise mit „Wo ist der Floh?" und einem ausgiebigen Lob, bis der Hund es als Aufforderung versteht, seine Handlung auszuführen. Als kleine Manipulation können zum Beispiel Klebezettelchen benutzt werden, die dem Hund lästig sind und er daher versuchen wird, sie durch Kratzen zu entfernen.

98 Gähnen

Um Gähnen auch auf Kommando zu setzen, geht man im Training in der gleichen Weise vor wie beim Kratzen.

Ihr Hund kann auch lernen, auf Befehl zu gähnen.

Passen Sie auch hier eine Situation ab, in der der Hund gähnt und versuchen Sie ihm durch ein Lob im richtigen Moment den Zusammenhang zwischen seiner Handlung, der Belohnung und dem gleichzeitig mit dem Lob gegebenen Laut- oder Sichtzeichen – beispielsweise „Bist du müde?“ – zu vermitteln. Bei geglückter Verknüpfung dürfen Sie auch in anderen Situationen auf „Bist du müde?“ erwarten, dass der Hund brav gähnt. Auch hier leistet der Clicker wertvolle Dienste in Bezug auf ein optimales Timing.

99 Lecken

Es gehört zum normalen Verhalten eines Hundes, sich im Rahmen der Körperpflege beispielsweise die Pfoten oder die Schnauze zu lecken. Das Lecken können wir uns hervorragend zunutze machen, um einen neuen Befehl einzuführen, beispielsweise „Hast du saubere Füße?“ oder „Hat's geschmeckt?“ Wie in den vorangegangenen drei Übungen gilt es, den Hund immer genau dann zu belohnen, wenn er das entsprechende Verhalten gerade zeigt. Mit einer leichten Manipulation können Sie auch hier das Verhalten aus ihm herauskitzeln, um häufiger die Chance zu haben, das Verhalten einzufangen und über die Belohnung zu stärken.

Schmieren Sie hierzu ein bisschen Leberwurst oder Schmierkäse entweder an die Lefzen oder auf eine Pfote und ermuntern Sie den Hund dies abzulecken, während Sie gleichzeitig das gewählte Lautzeichen geben. Führt Ihr Hund die entsprechende Handlung aus, belohnen Sie ihn danach mit einem weiteren Leckerchen.

Freizeit und Sport

In diesem Kapitel werden einige Sportaktivitäten aufgeführt, die aus der Vielzahl von Hundesportarten ausgewählt wurden. Sie vereinen entweder in besonderer Weise sportliche Leistungen mit Gehorsam und Teamarbeit oder sind besonders einfach auszuführen, weil sie in abgewandelter Form auch ohne Vereinszugehörigkeit oder aufwändige spezielle Sportutensilien umgesetzt werden können.

100 Rad fahren

Zu der Streitfrage, ob man Hunde am Rad laufen lassen sollte, ob es ungesund oder gar Tierquälerei ist, sollen hier nur kurz einige Denkanstöße gegeben werden: Der Hund stammt vom Wolf ab und ist somit ein Jäger, der ursprünglich enorm weite Strecken, hauptsächlich trabend, zurückgelegt hat. Auch für den Haushund ist

Braves Absitzen, wenn ein Jogger vorbeiläuft, gehört zum guten Ton dazu.

ein langsamer Trab die beliebteste Gangart. Bei einem gesunden Hund und in langsamer Art ist gegen das Laufen neben dem Fahrrad also nichts einzuwenden. Vorsicht ist allerdings bei hohen Temperaturen im Sommer geboten.

Ähnliches gilt für das Begleiten beim Ausritt. Wenn Pferd und Hund aneinander gewöhnt sind und man den Hund nicht durch zu weite Distanzen oder eine zu schnelle Gangart überstrapaziert, ist dagegen vom gesundheitlichen Standpunkt aus gesehen nichts einzuwenden.

Bei den Ausflügen mit dem Fahrrad sollte der Hund auch Zeit zum Schnüffeln haben. Überanstrengung durch zu schnelles Tempo oder zu lange Strecken sollten Sie vermeiden. Achten Sie darauf, dass der Hund lernt, nicht ins Rad zu laufen. Auch freilaufend sind Seitenwechsel vor Ihrem Rad unerwünscht. Eine gute Vorübung ist, das Fahrrad auf den Spaziergang mitzunehmen, aber zunächst zu schieben. Sollte der Hund die Tendenz haben ins oder direkt vor das Rad zu laufen, können Sie ihm leicht vermitteln, was passiert, indem Sie das Rad weiterschieben. Beim Schieben des Rades brauchen Sie im Gegensatz zu einer echten Fahrt keine große Sorge vor Verletzungen zu haben.

Wenn Sie Ihren Hund **an der Leine** am Rad laufen lassen, halten Sie diese locker in der Hand, um sie notfalls loslassen zu können, damit Sie nicht stürzen und dabei sich und andere oder den Hund selbst verletzen, falls er einmal plötzlich stehen bleibt oder wegzieht. Bringen Sie Ihrem Hund bei, nicht die Seite zu wechseln, während Sie fahren. Nehmen Sie ihm durch entsprechendes Kurzfassen der Leine die Möglichkeit dazu.

Ideal ist es, den Hund **am Rad an der rechten Seite** laufen zu lassen, denn wenn Sie einmal eine gewisse Strecke durch den Verkehr fahren müssen, läuft er so an der den Autos abgewandten Seite.

101 Frisbee

Das Spielen mit dem Frisbee ist aus Amerika nach Europa herübergeschwappt und zu einem echten Sport geworden. Mit viel Anklang werden auch Wettkämpfe in dieser Disziplin abgehalten. Zum Frisbee-Spielen mit dem Hund eignen sich die herkömmlichen Frisbees aus Plastik jedoch wenig, da sie beim Schnappen aus der Luft die Lefzen des Hundes verletzen oder ihm schlimmstenfalls sogar einen Zahn abschlagen können. Inzwischen gibt es spezielle Hundefrisbees, deren Rand aus einem mit Stoff überzogenen Gummischlauch besteht oder die ganz aus Gummi gearbeitet sind.

Das Schnappen des Frisbees aus der Luft erfordert bei Ihnen und Ihrem Hund gleichermaßen Geschick, denn ein schlecht geworfenes Frisbee wird auch ein guter Springer oft nicht mehr erwischen. Mit ein wenig Übung werden Sie und Ihr Hund aber bald ein eingespieltes Team sein und viel Freude am Spiel haben. Es ist immer wieder beeindruckend zu beobachten, wie der Hund genau im richtigen Augenblick zum Sprung ansetzt, um das Frisbee aus der Luft zu schnappen.

Viele Hunde schnappen das Frisbee nach einigen Würfen selbst aus der Luft – aus Spaß daran, es Ihrem Besitzer besonders schnell zu bringen. Andere müssen das korrekte Greifen aus der Luft lernen. Nach kurzem Üben werden Sie feststellen, dass das Werfen einer Frisbeescheibe im Vergleich zum Ballspiel für Sie selbst weniger kraftaufwändig ist. Es ist also auch für ältere Hundeführer sehr zu empfehlen, die ihren Hund durch ein fröhliches und schnelles Spiel fit halten möchten.

Hat Ihr Hund zu Beginn der Übung Hemmungen, das Frisbee aufzunehmen, üben Sie das Aufnehmen der Frisbeescheibe vom Boden aus als normale „Apport"-Übung (s. S. 58), bis er die Scheu verliert und sie Ihnen mit Freude bringt. Gehen Sie erst dann zum Werfen über.

Tipp
Für einen Hund mit Gelenkproblemen eignet sich das Springen nicht. Dennoch können Sie das Frisbee in Übungen einsetzen. Lassen Sie den Hund dann zunächst „Bleib" machen, werfen Sie das Frisbee und schicken Sie ihn erst mit „Apport" los, wenn das Frisbee schon weit geflogen oder im Begriff zu landen ist. Ihr Hund kann es dann suchen und vom Boden aufheben und bringen.

102 Trimmpfad

Trimmpfade sind eine hervorragende Freizeitbeschäftigung, da man mit dem Hund auf einem Trimmpfad eine Fülle von Übungen machen kann. Ein Trimmpfad hat den enormen Vorteil, dass er – wie Übungsplätze auch – eine Vielzahl von Geräten auf einer speziell dafür abgesteckten Strecke vereint. Da jeder Trimmpfad etwas anders gestaltet ist, kann ich an dieser Stelle keine konkreten Übungen beschreiben, sondern vielmehr wieder nur den Denkanstoß dafür geben, dass Sie es selbst einmal ausprobieren.

Das weich überzogene Hundefrisbee kann keine Verletzungen an den Lefzen verursachen. Zum Spiel mit der bunten Scheibe gehört allerdings einige Geschicklichkeit – beim Werfer wie beim Fänger!

Laufen Sie Ihrer Kondition entsprechend ruhig einmal einen Teil der Trimmpfadstrecke mit Ihrem Hund zusammen und lassen Sie dann auch Ihren Hund an den Baumstämmen und ähnlichen Geräten eine

Übung absolvieren. Das kann beispielsweise ein Sprung über oder auf eine Stange oder einen Stamm sein. Oder verlangen Sie, dass er sich auf einen der Länge nach liegenden Baumstamm setzt, legt oder aber ihn von Anfang bis Ende laufend überwindet. Je mehr Übungen Sie sich im Laufe des Trimmpfades einfallen lassen, umso mehr Spaß wird Ihr Hund bei dieser Aktion haben. Lassen Sie ihn auch ruhig einmal an einer Station abliegen und laufen Sie inzwischen zur nächsten oder üben Sie mit ihm einen Balanceakt auf einem relativ dünnen Stamm.

Wählen Sie zum Üben am besten einen Zeitpunkt, zu dem möglichst wenig Sportler unterwegs sind. Nehmen Sie Ihren Hund bei der Begegnung mit Sportlern stets unter Kontrolle.

Achtung
Leider ist es tatsächlich so, dass es immer wieder Hundehalter gibt, die ihren Hund bei der Begegnung mit anderen Menschen nicht zuverlässig unter Kontrolle halten, sodass es immer wieder zu Konflikten kommt. Bedenken Sie hier vor allem, dass die Trimmpfade für die Sportler gemacht sind und nicht für Hundehalter! Nehmen Sie also stets Rücksicht! Unhöfliches Verhalten seitens mancher Hundehalter begründet – zu Recht – die Zurückhaltung oder gar Angst vieler Läufer gegenüber Hunden.

Agility

Die Sportart Agility – übersetzt bedeutet der Name Flinkheit, Behändigkeit – stammt aus England und vereint sportliche Leistungen von Hund und Herrn mit Disziplin und Gehorsam. Auf die einzelnen Wettkampfrichtlinien wird hier nicht näher eingegangen. Eine ausführliche Beschreibung würde den Rahmen dieses Buches sprengen. Für alle diejenigen, die sich für diesen Sport interessieren, ist am Ende des Buches weiterführende Literatur genannt.

In diesem Kapitel möchte ich Sie mit einzelnen Übungen vertraut machen, die Sie natürlich auch ohne einen echten Agility-Parcours trainieren können, wenn Sie über die hierfür notwendigen Geräte – oder Improvisationen – verfügen. Für kleine Hunderassen gibt es auch Mini- und Midi-Agility-Parcours, bei denen die Hindernisse entsprechend niedriger ausfallen.

Haltezonen

Im Agility-Parcours gibt es bestimmte Haltezonen, die der Hund nur auf Zuruf seines menschlichen Wettkampfpartners verlassen darf. Hierzu zählen die Start- und Zielpfosten und auch der Tisch.

103 Start- und Zielpfosten

Die Start- und Zielpfosten müssen beim Agility-Wettkampf stets sauber durchlaufen werden. Achten Sie deshalb besonders beim Start darauf, dass der Hund nicht zu früh losläuft und halten Sie genug Abstand zur Startlinie.

Bringen Sie Ihrem Hund von Anfang an bei, erst auf Ihr Kommando hin loszulaufen und auch nach Ende des Parcours nicht noch einmal hineinzulaufen, wie es viele begeisterte Hunde zu Beginn tun.

Übungen, die hier vom Hund verlangt werden können, sind Selbstkontrolle-Übungen oder auch das Kommando „Bleib“. Ihr Hund darf erst dann zu einer Aktivität aufbrechen, wenn Sie es ihm ansagen. Vorher sollte er sich in Geduld üben. Auf dem Spaziergang können Sie solche Übungen nachspielen, indem Sie sich eine fiktive Grenze setzen und diese wie eine Start- und Stopplinie betrachten.

104 Tisch

Der Tisch ist ebenfalls eine Haltezone mit einer Größe zwischen 90 × 90 cm und 120 × 120 cm und einer Höhe von 75 cm (beim Mini-Agility 40 cm). Es ist strikt darauf zu achten, dass der Tisch kippsicher und mit einem rutschfesten Belag versehen ist.

Mit dem Befehl „Hopp“ (Übung 71) veranlassen Sie den Hund, auf den Tisch zu springen. Dort soll er ruhig auf Ihre Anweisung warten. Scheut sich Ihr Hund anfänglich davor, auf den Tisch zu springen, können Sie zunächst auch erst mit einem niedrigeren Tisch üben. So verliert er seine Scheu. Um beim Hund keine Unsicherheit aufkommen zu lassen, steigern Sie die Höhe erst, wenn er immer ohne zu zögern auf den Tisch springt und dort brav verharrt. Auch diese Übung können Sie auf eine Alltagssituation übertragen und die Positionen „Sitz", „Platz" und „Steh" mit „Bleib" kombiniert in einem abgegrenzten Bereich üben. Mit dem fortgeschrittenen Hund kann diese Übung mit „Voraus" kombiniert werden.

Hindernisse

Der restliche Teil des Agility-Parcours besteht aus den verschiedensten Hindernissen, die im Parcours von Mal zu Mal in unterschiedlicher Weise angeordnet sind. Der Hundeführer muss den Hund durch den Parcours dirigieren und selbst mitlaufen. Dazu muss er ihn an den entsprechenden Stellen ermutigen und an anderer Stelle wieder bremsen, um mit ihm als Team den Wettkampf beziehungsweise die Übungen zu meistern.

Durch den Tunnel laufen die meisten Hunde sehr gern – aber er ist vielseitig nutzbar ...

105 Fester Tunnel

Der feste Tunnel besteht aus einem flexiblen Material, mit dem es möglich ist, einen oder mehrere Bögen zu bilden. Der innere Durchmesser des Tunnels beträgt 60 cm, die Länge 3,60 cm. Zum Anlernen empfiehlt es sich, den Tunnel zunächst ganz zusammenzuschieben und den Hund durch den so entstandenen Reifen zu locken. Hat der Hund begriffen, was von ihm verlangt wird, können Sie den Tunnel nach und nach auf die erforderliche Länge ausdehnen. Schicken Sie dann den Hund in den Tunnel hinein und „holen" Sie ihn am anderen Ende des Tunnels wieder ab.

Als Spaß im Alltag eignen sich für diese Übung Tunnel für Kinder, die es in Spielzeugwarenläden zu kaufen gibt. Diese haben nicht dieselben Maße, sind jedoch für kleine bis mittelgroße Hunde eine preiswerte Alternative zu den echten Sportgeräten.

106 Stoff- oder Sacktunnel

Der Stofftunnel besteht aus einem festen Rahmen als Eingang, der 60 cm hoch und 60–65 cm breit sein muss, mit anschließendem Stoffteil, der eine Länge von 300 cm und ebenfalls einen Durchmesser von 60–65 cm aufweist; der Stoffteil liegt flach auf dem Boden.

Scheut sich Ihr Hund, durch den Stofftunnel zu gehen, können Sie ihm eine Hilfestellung geben, indem Sie den Stoff zunächst raffen, sodass er durch einen Stoffreifen gehen kann und Sie ihn, wie beim festen Tunnel, erst nach und nach ausdehnen. Den Stoff in einem Zwischenschritt später zunächst straff zu halten, ist eine weitere Hilfestellung für einen Hund, der in dieser Übung noch nicht ausreichend Sicherheit verspürt. Verringern Sie dann schrittweise die Hilfestellung.

Auch einen Stofftunnel können Sie sich für einen abgewandelten Agility-Spaß selbst herstellen. Hierzu reicht es, über den festen Tunnel ein großes Laken zu legen. Wenn Sie wollen, können Sie auch eine große Stoffröhre nähen, um dem Tunnelcharakter noch näher zu kommen.

107 Slalom

Da diese Übung schon auf Seite 124 als Geschicklichkeitsübung in Alltagssituation beschrieben wurde, wird hier nur noch kurz auf die für den Agility-Wettkampf festgelegten Stangenabstände hingewiesen: Im Parcours werden Slalomstrecken mit 8, 10 oder 12 Stangen eingesetzt, wobei die Höhe der Stangen mindestens 100 cm betragen muss und der Abstand zwischen den einzelnen Pfosten von 50–65 cm variieren kann. Innerhalb einer Slalomstrecke muss der Abstand von Stange zu Stange aber stets gleich sein.

Schnelligkeit gewinnt der Hund, wenn er gelernt hat, rhythmisch durch die Stangen zu laufen. Für das Agiltiy-Training eignet sich ggf. ein anderer Übungsansatz als der vorne beschriebene, um das Rhythmusgefühl des Hundes noch zu stärken.

Das Viadukt gehört zu den spektakulärsten Hindernissen im Agility-Parcours.

Sprunghindernisse

Die Sprunghindernisse sind je nach Übung unterschiedlich gestaltet. Im Wettkampf führt es zu Punktabzug, wenn der Hund mit den Pfoten auf dem Hindernis aufsetzt oder die bei allen Hürden – außer beim Bogensprung – locker aufliegende oberste Stange abwirft.

108 Viadukt und Mauer

Die Höhe des Viadukts und der Mauer beträgt jeweils 75 cm bzw. beim Mini-Agility 40 cm, die Länge 120 cm und die Mauerdicke 20 cm. Genau wie bei den Hürden muss das oberste Element dieses Hindernisses immer locker aufgelegt sein, sodass es bei Berührung durch den Hund beim Sprung abfallen kann. Die Mauer als vollgeschlossene Hürde wird beim Üben weniger Schwierigkeiten bereiten als das Viadukt, das bis zu zwei tunnelartige Bögen aufweisen kann, die den Hund dazu verleiten können hindurchzulaufen. Achten Sie beim Üben darauf, dass dies nicht geschieht und verbauen Sie notfalls die Öffnungen so lange, bis gewährleistet ist, dass der Hund die Übung sicher beherrscht. Kennt er das Hindernis und weiß er, wie er es überwinden soll, wird er auch keine anderen Wege mehr suchen, um die Hürde zu bewältigen.

Im Alltag werden sich genug Gelegenheiten bieten, den Hund über Hürden springen zu lassen (s. Übung 16: „Spring"). Achten Sie bei den Gegenständen, die Sie als Hürde einsetzen möchten, immer auch auf den Sicherheitsaspekt für Ihren Hund.

109 Weitsprung

Das Weitsprunghindernis besteht aus vier bis fünf 120 cm breiten Elementen mit einer Tiefe von 15 cm, die kontinuierlich höher werden. Sie werden so aufgestellt, dass der Hund alle Elemente in einem Sprung von 120–150 cm zu bewältigen hat. Das letzte und höchste Element darf dabei nicht höher als 28 cm, das erste und kleinste nicht niedriger als 15 cm sein.

Zum Anlernen dieser Übung können Sie die Elemente ruhig zusammenschieben, um den Hund dann praktisch über ein zusammenhängendes Hindernis springen zu lassen. Um eine Fehlverknüpfung von vornherein auszuschließen, können Sie eine offene Hürde vor das erste Element stellen; so sieht der Hund, dass dahinter noch andere Elemente stehen, springt aber von Anfang an hoch genug und somit auch weit genug und er kommt nicht auf die Idee, über die Hindernisse zu laufen, denn das würde im Wettkampf als Fehler gewertet werden.

Wenn Sie auf dem Spaziergang ein Hindernis entdecken, das für einen Weitsprung geeignet ist, können Sie Ihren Hund damit herausfordern. Achten Sie darauf, dass das Hindernis nicht zu hoch ist. Dies ist in dieser Übung nicht der Inhalt. Es geht tatsächlich um die Tiefe des Sprungs.

110 Wassergraben

Der Wassergraben hat eine Tiefe von 10 cm und eine Oberfläche von 1,20 × 1,20 m. Der Hund darf bei dieser Übung die Wasseroberfläche nicht berühren, was Sie beim Üben leicht verhindern können, indem Sie beispielsweise an der Absprungstelle ein Kleinhindernis hinstellen. Der Wassergraben ist allerdings heute kein offizielles Hindernis mehr beim Agility – Spaß macht er trotzdem.

Lassen Sie Ihren Hund im Alltag beispielsweise über eine Pfütze springen. Dies ist eine lustige Aufgabe und verhindert auch dreckige Hundepfoten, wenn man sie einmal nicht gebrauchen kann.

111 Reifen

Dieses Hindernis ist ein an Seilen oder Ketten aufgehängter Autoreifenmantel, dessen freier Rand unten ausge-

Der Sprung durch den Reifen sieht aufregend aus, ist aber gar nicht schwer zu lernen.

füllt ist, um Verletzungsgefahren vorzubeugen. Der innere Durchmesser des Reifens muss mindestens 38 cm und soll höchstens 60 cm betragen.

Zum Anlernen dieser Übung sollten Sie den Reifen auf den Boden stellen oder die niedrigste Höhe wählen, die möglich ist. Im Wettkampf wird ein Abstand von 90 cm bzw. beim Mini-Agility von 55 cm zwischen Reifenmitte und Boden verlangt. Sollte Ihr Hund versuchen, seitlich zwischen dem Reifen und den Ketten, an denen der Reifen aufgehängt ist, hindurchzuspringen, können Sie, bis er die Übung sicher beherrscht, zunächst einige Tücher so aufhängen, dass diese Durchgänge verdeckt sind und er nunmehr keine andere Möglichkeit hat, als durch den Reifen zu springen.

Die Reifen-Übung kann im Alltag abgewandet werden, indem man den Hund beispielsweise durch einen „Arm-Reifen" springen lässt. Dies ist auch ein Element, das im Dogdance häufig eingesetzt wird, weil es sehr publikumswirksam ist und auch den Hunden oftmals viel Freude bereitet.

Kontaktzonenhindernisse

Zu den Kontaktzonenhindernissen zählen die nachfolgend beschriebenen Hindernisse Schrägwand, Laufsteg und Wippe.

Im Wettkampf ist darauf zu achten, dass der Hund die Kontaktzone mit mindestens einer Pfote berührt.

112 Schrägwand

Die Schrägwand als Agility-Hindernis besteht aus zwei Holzwänden, die im Wettkampf in einem 90°-Winkel miteinander verbunden sind. Der Scheitelpunkt ist mit einer Firstleiste aus Gummi versehen. Die Breite des Hindernisses muss mindestens 90 cm betragen. Es ist gestattet, das Hindernis zum Boden hin auf 115 cm zu verbreitern. Auf den Holzwänden sind quer verlaufend dünne Leisten angebracht, die dem Hund den Auf- und Abstieg erleichtern. Die Kontaktzone, die farblich gekennzeichnet ist, befindet sich auf beiden Brettern jeweils vom Boden aus gemessen bis in einer Höhe von 1,06 m.

Zum Anlernen dieses Hindernisses wird die Schrägwand so flach wie möglich aufgestellt und der Hund animiert, darüber zu laufen. Nach und

Eine Schrägwand findet man auf den meisten Hundesportplätzen.

nach wird die Höhe heraufgesetzt, bis schließlich die im Wettkampf vorgeschriebene Höhe von 170 cm erreicht ist. Um zu gewährleisten, dass der Hund die Kontaktzone ordnungsgemäß mit mindestens einer Pfote berührt, gibt es mehrere Möglichkeiten. Eine ist folgende: Halten Sie dem Hund einen Reifen, den er durchlaufen soll, so vor den Auf- und Abstieg, dass er von ganz vorne bzw. bis zuletzt auf dem Hindernis bleiben muss, um durch den Reifen gehen zu können. Auf diese Weise verhindern Sie, dass er die Kontaktzone überspringt. Oder aber Sie stellen sich mit gegrätschten Beinen so vor die Kontaktzone, dass der Hund, wenn er durch Ihre Beine läuft, die Schrägwand flach auf- oder absteigen muss.

Übungen mit einer Schrägwand bleiben meist dem Besuch auf einem Hundeplatz vorbehalten, da solch ein Hindernis im Alltag kaum zu finden ist. Eine Alltagsvariante könnte aber beispielsweise das Erklimmen eines Holzstapels sein.

113 Laufsteg

Der Laufsteg besteht aus einem langen Brett mit endständigen Rampen, die mit kleinen Querleisten versehen sind, damit der Hund besseren Halt findet. Die Kontaktzonen befinden sich vom Boden aus gemessen bis in einer Höhe von 90 cm an den Rampen. Das ganze Element muss eine Länge von 360–420 cm aufweisen, wobei die Höhe mindestens 120 cm und höchstens 135 cm betragen sollte, die Breite des Laufstegs muss zwischen 30 und 40 cm liegen.

Auch dies ist eine Übung, die im Alltag nur schwer umsetzbar ist. Aber ein Balance-Akt (s. S. 125) über ein Mäuerchen oder Ähnliches kommt der Sache schon relativ nah.

114 Wippe

Die Wippe ist das dritte und schwierigste Kontaktzonenhindernis, das aber bei einem sauberen Übungsaufbau leicht erlernt werden kann, besonders wenn der Hund schon die beiden anderen Kontaktzonenhindernisse beherrscht. Die Höhe der Mittelachse zum Boden beträgt 1/6 der Länge des Brettes, die zwischen 365 und 425 cm liegen muss, die Breite des Bretts sollte bei 30 cm liegen. Genau wie beim Laufsteg sind die Kontaktzonen an den Enden des Bretts jeweils 90 cm lang und farbig markiert.

In der Anlernphase ist es günstig, wenn eine zweite Person die Wippe am hinteren Ende festhält, damit sie nicht plötzlich überschlägt und auf diese Weise dem Hund die Übung verleidet. Lassen Sie, während Sie selbst neben der Wippe hergehen, den Hund möglichst langsam an den Umschlagpunkt herankommen, stoppen Sie dort Ihr eigenes Tempo ebenfalls ab und lassen Sie ihn danach nur im Schritttempo weitergehen, bis er nach und nach merkt, dass er selbst es ist, der die Wippe zum Umschlagen bringt.

Die Wippe ist ein Hindernis, das mangels Alltags-Alternativen meist dem Training auf dem Hundeplatz vorbehalten bleibt.

Der Laufsteg erfordert volle Konzentration beim Hund-Mensch-Team.

Kopfarbeit pur

In dieser Kategorie an Übungen soll der Hund spielerisch seine geistigen Fähigkeiten unter Beweis stellen. Lassen Sie Ihrem Hund bei den Denksportaufgaben möglichst völlig freie Hand. Er soll hier die Problemlösung wirklich eigenständig finden. Ermuntern Sie ihn also zwar zu starten, aber geben Sie ihm keine Übungsanleitungen. Wenn Sie Ihrer Fantasie freien Lauf lassen, fallen Ihnen sicherlich noch weitere Trainingsvarianten ein, mit denen Sie Ihren Hund herausfordern können.

Denksportaufgaben für Intelligenzbestien

Die im Folgenden aufgeführten Übungen sind etwas für die Kandidaten, die in den vorangegangenen Übungen schon bewiesen haben, dass sie über eine überdurchschnittliche Auffassungsgabe verfügen und viel Spaß bei der Arbeit haben.

115 Wie kommt der Hund an die Wurst?

Beispiel 1:
Rufen Sie den Hund zu sich und leinen Sie ihn an. Befestigen Sie die Leine an einem starren Gegenstand, sodass dem Hund ein Bewegungsradius von höchstens einem Meter gegeben ist. Dann legen Sie außerhalb dieses Radius beispielsweise eine leckere Wurstscheibe, an der eine Schnur befestigt ist, gut sichtbar hin und lassen die Schnur bis in den Wirkungskreis des Hundes hineinreichen.

Nun gilt es abzuwarten, ob der Hund selbst in der Lage ist, die Verknüpfung herzustellen, nämlich an der Schnur zu ziehen, um an die leckere Wurst zu kommen. Sollte er nicht von alleine auf die Lösung kommen, können Sie ihn etwas dazu ermutigen.

Beispiel 2:
Nehmen Sie zwei Schüsseln oder zwei Eimer, die man ineinanderstellen kann. Legen Sie in den unteren die Futterbelohnung (beispielsweise ein Stück Trockenpansen) und stellen Sie den zweiten Eimer/die zweite Schüssel drauf. Lassen Sie den Hund dann selbstständig basteln und arbeiten, bis er das obere Gefäß entfernt hat und ans Futter kommt.

Beispiel 3:
Bauen Sie ein kleines Labyrinth mit verschiedenen Hindernissen (sodass der Hund einmal kriechen muss, um unter einer Öffnung hindurchzukommen, ein anderes Mal unter einem quer gespannten Handtuch hindurchschlüpfen oder über ein kleines Hindernis springen muss und so weiter) und ruhig auch ein oder zwei Sackgassen. Legen Sie am Ende des Labyrinths eine Futterbelohnung aus, die der Hund ruhig auch riechen sollte, damit er den Anreiz hat, sich durch das Labyrinth zu wuseln.

Beispiel 4:
Nehmen Sie eine dicke Röhre (beispielsweise ein Abflussrohr) und bohren Sie an verschiedenen Stellen ein paar Löcher quer hindurch. Schneiden Sie die Röhre von unten etwa 15 cm weit ein und schneiden Sie dann die eine Hälfte des unteren Röhrenendes ab, sodass unten nur noch ein halbes Rohr übrig bleibt. Stecken Sie in die gebohrten Löcher jeweils einen dünnen Stock und füllen Sie von oben auf jeden Stock ein Stück Pansen oder einen großen Hundekuchen, der auf dem Stöckchen liegen bleibt. Stellen Sie dann die Röhre stabil auf und lassen Sie den Hund daran arbeiten. Schafft er es, den Stock wegzuziehen, fällt die Futterbelohnung entweder eine Etage tiefer oder ganz unten aus der Röhre heraus. Mit der Zeit lernt der Hund auch die richtige Reihenfolge der Stöckchen einzuschätzen, um möglichst prompt an die Belohnungen heranzukommen.

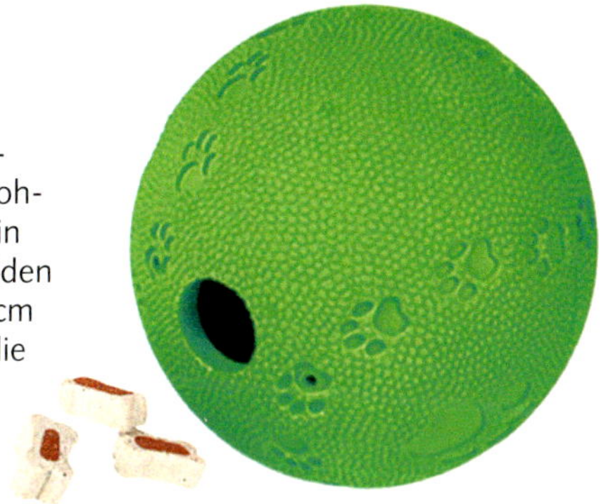

116 Wie kommt der Hund durch die Tür?

Hängen Sie ein Handtuch so in eine Tür, dass Ihr Hund nicht darüber hinweggucken kann. Oder stellen Sie im Türrahmen mehrere große Kartons auf. Stellen Sie sich dann auf die andere Seite und rufen Sie Ihren Hund zu sich heran. Loben Sie ihn überschwänglich, wenn mutig genug ist, unter dem Handtuch hindurch zu Ihnen zu gelangen oder er sich – wie auch immer – durch die Kartons arbeitet.

117 Wie kommt der Hund zu seinem Herrn?

Gehen Sie mit Ihrem Hund an einem Zaun entlang, der es Ihnen durch ein Tor ermöglicht, auf die andere Seite des Zaunes zu wechseln und dort weiterzugehen, während Ihr Hund auf der bisherigen Seite bleibt. Rennen Sie dann ruhig auch ein Stückchen, um den Hund davon abzulenken, dass er von Ihnen durch den Zaun getrennt ist. Nach einem Weilchen bleiben Sie stehen und rufen Ihren Hund zu sich heran. Ein ganz dickes Lob hat er sich verdient, wenn er selbst die Verknüpfung herstellt und zum Tor zurückläuft, um zu Ihnen zu gelangen. Ermutigen Sie ihn notfalls dazu, indem Sie mit der Hand die Richtung weisen und ihn nochmals rufen oder gegebenenfalls auch ein kleines Stück zurückgehen.

Spiele und Spielzeug

Mit Artgenossen oder mit dem Hundehalter zu spielen steht für viele Hunde hoch im Kurs. Die Spielfreudigkeit ist allerdings nicht bei jedem Tier in gleichem Maße ausgeprägt. Aber auch 15-jährige Hunde, die noch spielen, sind keine Seltenheit.

Genau wie in der Wildnis lernen auch die Haushunde in ihrem jugendlichen Spiel lebenswichtige **soziale Regeln**, aber auch die Kräfte besser einzuschätzen sowie die Geschicklichkeit zu trainieren. Unterbindet man bei Welpen und jungen Hunden das Spielen, so werden sie – je nachdem, in welcher sensiblen Phase sie sich gerade befinden – sich geistig nicht richtig entwickeln können. Durch Studien ist belegt, dass ein Hund, der in seiner Welpenzeit Abwechslungsreiches erlebt hat, auch später im Leben besonders aufnahmefähig sein wird. Dies gilt auch für einen Hund, der vergleichsweise schlechtere Erbanlagen mitbringt, dafür aber stark gefördert wurde, indem er spielen durfte und zusammen mit seinem Herrn viele Dinge erlebt hat.

Ähnlich ist es mit dem Sozialverhalten, das den Hunden nicht – wie viele Menschen annehmen – mit in die Wiege gelegt wird, sondern sich erst durch soziale Kontakte ausbilden kann. Die Spiele der wild lebenden

Beim Spiel mit Artgenossen üben sich die Welpen bereits darin, ihre Zähne und ihre Kraft nur genau dosiert einzusetzen.

Tiere beziehen sich immer direkt auf ihre Lebensweise und spiegeln Verhaltensweisen wider, die dem Nahrungserwerb, der Verteidigung oder Ähnlichem dienen. So sind die beiden häufigsten Spiele in erster Linie **Jagdspiele** – bei denen einer der Gejagte ist und die anderen ihn jagen – und **Balgereien**, bei denen Kräfte erprobt und soziale Stellungen durchgespielt werden. Der Untergebene kann im nächsten Spiel durchaus der Sieger sein. Hunde als Rudeltiere sind im Übrigen nicht darauf fixiert, zu zweit zu spielen, sondern laufen manchmal erst richtig zur Hochform auf, wenn eine ganze Hundemeute mittobt. Für unerfahrene Zuschauer wirken solche Spiele oft sehr beängstigend, da es mitunter laut und wild zugeht.

Um zu erkennen, ob es sich wirklich um Spiel handelt, ist es sinnvoll, stets ein aufmerksames Auge auf die Szene zu werfen, denn hin und wieder kippt ein Spiel auch in eine **Mobbing-Aktion**.

Regel
Es handelt sich nur dann wirklich um Spiel, wenn alle Beteiligten erkennbaren Spaß daran haben. Unterbrechen Sie Aktionen, die Mobbing-Charkter haben, denn in solchen Rangeleien lernen alle Parteien nur ungeeignete Dinge.

Da Haushunde bis ins Alter verspielt bleiben, sollten Sie Ihrem Hund sein Leben lang die Möglichkeit offen halten, mindestens einmal am Tag zu toben. Tut er dies irgendwann nicht mehr aus eigenem Antrieb mit Artgenossen, sind Sie als Bezugsperson von da an in fast allen Fällen der auserkorene Spielkamerad. Es gibt eine Fülle von Spielarten, die dem Hund gerecht werden. Einige werden hier vorgestellt und kurz beschrieben.

Besonders junge Tiere steigern sich gerne in ihr Spiel hinein, sodass sie sich dann für einen Moment nicht mehr auf die erhaltenen Befehle konzentrieren können. Lassen Sie die Spielerregung nach Möglichkeit nicht so weit hochkochen, sondern streuen Sie zwischendurch immer einmal ein „Sitz ", „Platz" oder „Steh" ein, um auf diese Weise den Gehorsam zu trainieren. Nutzen Sie für **Gehorsamseinlagen im Spielkontext** anfangs Situationen im Spiel aus, in denen Sie sicher sein können, dass Ihre Befehle auch sofort ausgeführt werden, loben Sie dann kräftig. Auf diese Weise steigern Sie das Selbstvertrauen Ihres Hundes erheblich, denn nichts ist schöner für ihn, als mit seinem Meister herumzutoben und dann noch besondere Anerkennung durch sein Lob zu bekommen.

Gehen Sie nicht das Risiko ein, den Hund erst korrigieren zu müssen, weil Ihr Befehl nicht sachgemäß ausgeführt wurde. Das kann bei ihm leicht zu Frustrationen führen. Brechen Sie, falls erforderlich, das Spiel an dieser Stelle ab. Achten Sie beim nächsten Durchgang darauf die Spielerregung durch eine kürzere Spieleinheit oder weniger „Action" besser im Zaum zu halten.

Im Spiel wird Ihnen einmal mehr in eindeutiger Weise klar werden, dass der Hund Ihnen auf vielerlei Weise haushoch überlegen ist: So ist er nicht nur um ein Vielfaches schneller, er ist neben dieser Geschwindigkeit auch flinker in seinen Bewegungen und je nach Rasse, Größe und Alter des Hundes wird er Sie womöglich auch an Kräften weit übertreffen. Doch trotz dieser Unterlegenheit Ihrerseits auf diesen Gebieten sind Sie als Rudelführer auch im Spiel der Boss, der jederzeit das Spiel abbrechen kann, um zur „Arbeit" überzugehen. Führen Sie Ihren Hund also auch hier, statt „nur" ein Kumpel zu sein.

Jetzt kommen wir zu den verschiedenen Rubriken, in die sich der Oberbegriff „Spielen mit dem Hund" einteilen lässt: Der Hund als Jäger liebt **Laufspiele** ebenso sehr wie **Apport- und Suchspiele**, da diese ihren Ursprung im normalen Verhalten des Hundes haben. Des Weiteren kann man Hunde leicht für **Ziehspiele** begeistern, die entfernt an das Übermannen und Reißen eines Beutetieres erinnern. Ebenso gerne werden **Balgspiele** gespielt, die in echten Kämpfen ihren Ursprung finden sowie **Buddelspiele**, **Spiele im Wasser** und **Geschicklichkeitsspiele**, die den Hund sowohl körperlich als auch von seiner Intelligenz her fordern. Auch **futterbezogene Spiele** finden großen Anklang. Auf den nächsten Seiten werden nun die verschiedenen Spielformen kurz vorgestellt.

Spielarten

Balgereien

Immer wieder kommt es zu Kontroversen in der Auffassung über diese Art des Spiels mit dem Hund. Es gibt Hundeführer, die das Balgen als Spielform für einen Menschen mit dem Hund kategorisch ablehnen, da sie es als Machteinbuße ansehen, mit dem Hund auf dem Boden herumzutoben. Ich persönlich teile diese Auffassung nicht, denn auch im Rudel spielen ranghöhere mit rangniedrigeren Tieren, ohne dass dies irgendeine Auswirkung auf die jeweiligen Rangpositionen hätte. Wichtiger als der Rangaspekt erscheint mir beim Balgen mit dem Hund das Maß seiner Erregungslage zu sein. Achten Sie auf diesen Punkt, denn Schnappigkeit oder starkes Rempeln muss nicht sein. Bedenken Sie: Übung macht den Meister! Dies gilt für erwünschte und unerwünschte Handlungen gleichermaßen. Gegen ein eher ruhiges und ausgewogenes Balgen mit dem Hund ist hingegen nichts einzuwenden.

Im Hundespiel umfassen die Tiere beim Balgen unter anderem gegenseitig die Schnauze, was außerhalb des Spiels in das Macht-Demuts-Verhaltensmuster eingegliedert ist, im Spiel jedoch von beiden Parteien ausgeführt wird und somit für die Rangordnung bedeutungslos bleibt. Spielt der Hund nun mit einem Menschen statt mit einem Artgenossen, hat er als Äquivalent zur Hundeschnauze dessen Hand, mit der er „spielen" kann. Die Hände des Menschen entsprechen in etwa der Schnauze des Hundes, wenn man die Funktionen betrachtet, die außerhalb der Nahrungsaufnahme und der Kommunikation liegen. Die Schnauze ist das universelle Arbeitswerkzeug des Hundes. Beim Spiel nun wird der Hund gerne mit der Schnauze arbeiten. Um im Spielschema zu bleiben, können Sie mit Ihrer Hand „zurück-

Im Wasser toben ist ein toller Spaß.

beißen" – das wäre für den Hund eine logische Handlung. Seien Sie aber streng in Bezug auf die Festigkeit, mit der Ihr Hund seine Zähne an Sie legen darf. Denn wie oben bereits erwähnt schürt grobes Spiel die allgemeine Unhöflichkeit, was körperliche Manipulationen an Ihnen oder anderen Menschen anbetrifft.

Unnachgiebigkeit, frei nach dem Motto „er wollte bestimmt nicht so feste beißen, dass ein blauer Fleck entstanden ist", oder „das hat er aus Versehen getan" sind Ausflüchte, mit denen die Unhöflichkeit des Hundes toleriert oder heruntergespielt wird. Zu jeder Zeit hat ein Hund die volle Kontrolle über die Kraft seines Bisses. Stellen Sie die Regeln auf, mit denen Sie selbst zufrieden sind und bei denen Sie unbeschadet bleiben. Wenn Ihnen Ihr Hund zu wild wird und Sie der Ansicht sind, dass er über die Stränge schlägt, sollten Sie konsequent das Spiel abbrechen. Die beste Methode hierfür ist das **Ignorieren**, was in diesem Fall so aussieht, dass Sie Ihren Hund einfach kommentarlos stehen lassen und weggehen. Je nachdem, welche Regeln Sie Ihrem Hund im Spiel antrainieren wollen, sollten Sie in diesem Punkt immer besondere Sorgfalt walten lassen. Bedenken Sie, dass sich Hunde untereinander im Spiel auch nicht vertun und beispielsweise aus Versehen zu fest zubeißen. In Bezug auf Menschen handelt es sich meist auch nicht um „böse Absicht", sondern um Trainingsmangel.

Hunde wissen, besonders wenn sie in ihrer Welpen- und Jugendzeit genug Gelegenheiten zum Spielen und Austoben gehabt haben, ihre Kräfte bis auf kleinste Nuancen genau zu dosieren. Ernsthafte Verletzungen brauchen Sie im echten Balg-Spiel also nicht zu befürchten, vor allem dann nicht, wenn Sie Ihrem Hund höfliches Spielverhalten abverlangen.

Achtung
Vermeiden Sie es, Ihre Spielintensität zu steigern, wenn Ihr Hund grob werden sollte. Körperliches Feedback, über das Sie den Hund in seine Schranken weisen wollen, ist lange nicht so wirksam, wie ein Spielabbruch zum richtigen Moment. Mit Letzterem unterstreichen Sie extrem wirkungsvoll Ihre Chefrolle.

Ziehspiele

Wie das Balgspiel entstammt das Ziehspiel ebenfalls dem alltäglichen Hundespiel mit Artgenossen, wobei die Tiere untereinander meist mit Stöcken oder anderen auf dem Spaziergang gefundenen Beuteobjekten spielen und zwei oder mehrere Hunde daran ziehen, bis der eine das Objekt verliert. Es schließt sich oftmals eine wilde Verfolgungsjagd an, bei der es darum geht, die Beute oder zumindest ein Ende der Beute, wenn es ein längeres Objekt, wie ein Stock war, wieder zu erobern, um dann das Ziehspiel wieder neu zu beginnen. Für Ziehspiele sind alle möglichen Dinge, etwa ein Spieltau, ein Handtuch oder auch ein Ball an einer Kordel geeignet, solange von mindestens zwei Seiten daran festgehalten werden kann. Sind Sie als Mensch der Spielpartner, können Sie natürlich die Weglaufphase im Spiel als eigenes kleines Konditionstraining nutzen. Wenn Ihr Hund apportierfreudig ist, können Sie das Spielobjekt zwischendrin auch einmal wegwerfen, um es sich dann vom Hund wieder bringen zu lassen. Feuern Sie beim Ziehen am Objekt Ihren Hund ruhig kräftig an, er wird dann besonders motiviert daran ziehen und zerren. Achten Sie jedoch auch hier darauf, dass die Erregungslage nicht zu sehr hochkocht, denn sonst ist die folgende Kontrolle, beispielsweise durch das Kommando „Aus", deutlich erschwert.

Beim Ziehen darf auch mal geknurrt werden – aber achten Sie darauf, dass Sie immer der Teamchef bleiben!

Beim Zieh-Spiel knurren viele Hunde. Dies ist nicht weiter schlimm. Sie werden leicht unterscheiden können, ob Ihr Hund im Spiel oder aus böser Absicht heraus knurrt. Brechen Sie das Spiel, im Idealfall bevor der Hund in zu hohe Erregungslage gerät, mit einer Gehorsamsübung ab. Wichtig bei diesem Spiel ist, dass Ihr Hund auf Ihr „Aus" hin den Gegenstand, an dem gezogen wird, sofort hergibt. Üben Sie dies in aller Ruhe und nicht durch Strafen, sondern mit viel Lob (vgl. S. 53). Besonders gut gelingt dies, wenn das Spiel nicht zu wild war. Steigern Sie den Anspruch aber nach und nach, um eine immer bessere Kontrolle über Ihren Hund zu bekommen.

Ein Detail neben dem Ziehen kann auch das „Totschütteln" der Beute sein, wenn der Hund Ihnen das Objekt tatsächlich abluchsen konnte. Achten Sie bei der Objektauswahl für das Zieh-Spiel darauf, dass sowohl Sie als auch Ihr Hund einen guten Griff haben. Stellen Sie auch hier strenge Regeln für das gemeinsame Spiel auf. Berührungen mit den Zähnen an Ihrer Hand sind hier absolut tabu! Schreien Sie schrill auf, lassen Sie den Hund schlagartig stehen und verlassen Sie ihn, wenn er diese Spielregel verletzt. Weitere Regeln sind, dass grundsätzlich weder in Anziehsachen noch in Körperteile gebissen werden darf.

Dem Ziehspiel recht ähnlich ist das **Zerreißspiel**, bei dem sich der Hund in gleichem Maße austoben kann wie beim erstgenannten. Zum Zerreißen eignen sich Stöcke oder Kartons gleichermaßen. Die Stöcke, besonders solche mit dicker Rinde, werden „geschält" und die Kartons nach Herzenslust zerpflückt. Auch hierbei ist oft das Verhaltensmuster des Totschüttelns zu beobachten. Dieses Zerreißen beendet oft ein vorangegangenes Ziehspiel, sofern der Hund das jeweilige Zieh-Objekt zerreißen kann und darf. Zerreißobjekte können dem Hund auch im Zusammenhang mit Futtersuchspielen angeboten werden, indem Sie beispielsweise in einem Karton Futterstückchen verstecken und diesen dann verschließen, sodass der Hund ihn selbstständig öffnen muss (vgl. S. 174).

Besonders bei ängstlichen, unsicheren Tieren kann ein Ziehspiel dazu beitragen, Ängste und Hemmungen abzubauen. Versuchen Sie, dem Hund durch zusätzliches Anspornen und Loben mehr Selbstvertrauen zu schenken. Nach einer anfänglichen Schüchternheit sind Ziehspiele auch bei charakterlich zarten Hunden oftmals beliebt, jedoch können sie meist nur bei einzelnen, ihnen gut vertrauten Personen wirklich aus sich herausgehen. Lassen Sie den schüchternen Hund während des Spiels hin und wieder einmal gewinnen, loben Sie ihn und lassen Sie ihn seine Beute dann totschütteln und wegtragen oder spielen Sie weiter, nachdem der Hund Ihnen die Beute unter „Apport" herangebracht hat.

Bei Tieren mit einem hohen Ranganspruch oder solchen, die dazu tendieren Ressourcen zu verteidigen, sollten Sie hingegen strenger darauf achten, dass Sie als Teamchef die Trophäe am Ende des Spiels behalten und beispielsweise das alte Handtuch, mit dem Sie gespielt haben, danach nicht herumliegen lassen – verstauen Sie es als Ihre Siegesprämie sicher bis zum nächsten Spiel.

Nachlaufspiele

Das Nachlaufspiel ist ein sehr beliebtes Spiel, bei dem es darum geht, Jäger oder Gejagter zu sein. Dieses Spiel haben Sie sicherlich schon öfter beim Spiel Ihres Hundes mit Artgenossen beobachtet, wobei auch bei diesem Spiel die Position von Jäger oder Gejagtem beliebig oft gewechselt wird. Wenn Sie mit Ihrem Hund dieses Spiel eröffnen, werden Sie wohl von Anfang an die schlechteren Karten haben und es wird Ihnen nur höchst selten gelingen, ihm einmal nahe zu kommen, was aber keine Rolle spielt. Wechseln auch Sie in Anlehnung an das Spiel zwischen Hunden einfach einmal die Richtung und laufen Sie weg, denn im Prinzip geht es bei diesem Spiel ja nur darum, dem nachzustellen, der wegrennt. Der Hund wird vermutlich mit großer Begeisterung Ihre Verfolgung aufnehmen, bis er Sie eingeholt hat. Stupsen Sie ihn während des Spiels, wenn er Spaß daran hat, ruhig einmal an, genauso wie auch Hunde sich während dieses Fangspiels anrempeln. Achten Sie aber auch hier auf die allgemeine Höflichkeit und halten Sie bei diesen Gesten genauso Maß, wie Sie es von Ihrem Hund verlangen. Bei Schnappigkeit oder allgemein zu hoher Erregungslage des Hundes sollte auch dieses Spiel kommentarlos beendet werden. Lassen Sie Ihren Hund einfach wie bestellt und nicht abgeholt stehen und gehen Sie zur Tagesordnung über.

Genau wie bei allen anderen beschriebenen Spielen, die meist von dem innerartlichen Spielverhalten abgeschaut sind, brauchen Sie auch hier nicht zu befürchten, an Autorität zu verlieren, wenn Sie sich auf diese Albernheiten einlassen. Das einzige, was stets gewährleistet bleiben sollte, ist die Möglichkeit, mit einem kurzen Kommando das Spiel zu unterbrechen und Ihren Hund zur Besinnung zu bringen. Gerade junge Hunde steigern sich leicht in zu wildes Spiel hinein. Mit genügend Konsequenz und Ruhe können Sie das aber nach und nach immer besser kontrollieren. Unterbrechen Sie im Idealfall das Spiel, bevor es zu Unhöflichkeiten kommt, und bringen Sie über eine einfache und dem Hund gut vertraute Konzentrationsübung wieder Ruhe hinein. Wenn Ihr Hund schnell Ruhe findet, kann das Spiel danach in eine weitere Runde gehen.

Suchspiele

In die große Sparte der Suchspiele gehören recht viele verschiedene Formen, auf die hier nicht im Einzelnen eingegangen wird. Einige Denkanstöße sollten genügen, zumal sich die Suchspiele untereinander stark ähneln. Zunächst sollen die Suchspiele im Freien vorgestellt werden.

Im Freien ist ein hervorragendes Spiel für Sie und Ihren Hund oder auch für eine ganze Familie das **Verstecken**, bei dem sich ein oder mehrere Mitglieder der Familie verstecken und der Hund sie suchen muss. Zum Suchen bieten sich für den Hund zwei Möglichkeiten: Zum einen kann er selbstverständlich die Spur mit der Nase verfolgen, doch wird er von der für uns Menschen unvorstellbaren Leistungsfähigkeit oft erst dann plan-

Nicht nur Jagdhunde haben großen Spaß an Suchspielen.

mäßig Gebrauch machen, wenn er eingehend darauf trainiert worden ist. In den meisten Fällen, in denen das Suchen keine Trainingseinheit, sondern wirklich nur eine Spielform darstellt, wird er auf Ihr Rufen warten und Ihren Standort dann nach seinem Gehör orten. Sie können dieses Spiel auch gut auf dem Spaziergang als Aufmerksamkeitsübung einschieben, wenn der Hund Ihnen zu weit vorgelaufen ist. Verstecken Sie sich, behalten Sie ihn aber im Auge, um ihn notfalls rufen zu können, falls er in Panik gerät und eine falsche Richtung einschlägt.

Ein weiteres Suchspiel im Freien ist das **Auffinden verschiedenster Gegenstände**, woran sich auch immer gut ein Apportspiel anschließen lässt. Als Gegenstand eignet sich im Prinzip alles, was dem Hund bereits bekannt ist oder auch diejenigen Dinge, die vom Hund eindeutig als die Ihren identifiziert werden können, wie beispielsweise Ihre Handschuhe oder Ihr Schlüsselbund. Die Variationsbreite dieses Spiels ist enorm groß: So können Sie, sofern der Hund den Befehl „Such verloren" (Übung 62) schon beherrscht, auf Ihrem Weg Gegenstände mehr oder weniger gut sichtbar für die Verloren-Suche auslegen oder im Dickicht ein Spielzeug so verstecken, dass es der Hund erst aufspüren muss, um dann mit ihm spielen zu können.

Auch **im Haus** haben Sie mannigfaltige Möglichkeiten, das Suchspiel mit dem Hund zu spielen, denn auch hier können Sie sich vor dem Hund verstecken, um sich dann nach Zuruf suchen zu lassen. Eine recht lustige Variante erhält das Versteckspiel, wenn Sie sich an unüblichen Orten aufhalten. Steigen Sie beispielsweise auf einen Tisch und verhalten Sie sich ganz ruhig oder verstecken Sie sich unter dem Bett oder hinter einer Gar-

Für Apportspiele lassen sich immer geeignete Dinge finden – mal ein Stöckchen, mal wie hier ein Maiskolben. Auch hierbei lieben Hunde die Abwechslung.

dine. Wenn der Hund Sie im Haus meist mit Gehör und Augen sucht, wird er Sie, wenn Sie sich wirklich ganz ruhig verhalten, die ersten Male nicht so leicht entdecken, weil er Sie an diesen Orten nicht vermutet. Ebenfalls können Sie – genau wie draußen – Gegenstände aus seiner Spielzeugkiste verstecken, die er suchen muss. Hier ist auch zusätzlich noch seine Geschicklichkeit gefragt, wenn es darum geht, beispielsweise seinen Kauknochen unter dem Läufer hervorzuholen oder mit der Schnauze den Ball unter dem Schuhschrank zu ergattern.

Eine sehr beliebte Variante ist, einige Happen zu verstecken, die Ihr Hund dann suchen darf. Die meisten Hunde werden mit Feuereifer dabei sein!

Apportspiele

Die Apportspiele trainieren nicht nur die Schnelligkeit des Hundes beim Apportieren und die Geschicklichkeit beim Fangen, sondern auch seinen Gehorsam in der Form, wie er die Dinge apportiert und Ihnen ausgibt. Wollen Sie nur einfach mit Ihrem Hund spielen, ist es selbstverständlich von untergeordnetem Interesse, ob er den ausgelegten oder geworfenen Gegenstand „nach allen Regeln der Kunst" oder nur „ganz normal" apportiert und ausgibt. Es liegt ganz an Ihnen, sich für die eine oder andere Variante zu entscheiden. Beim sauberen Apport wird dem Hund mehr Disziplin abverlangt, ansonsten unterscheiden sich die jeweiligen Apportformen jedoch nicht weiter. Wichtig ist nur, dass Ihr Hund, wenn Sie ihn mit dem Befehl „Apport" zum Holen eines Gegenstandes auffordern, diesen Befehl auch umgehend ausführt, und zwar so, wie er es gelernt hat.

Dem Apportspiel kann man ein Ziehspiel anschließen, wenn sich der apportierte Gegenstand für ein solches eignet, oder aber man lässt ein Suchspiel vorausgehen, bei dem der Hund einen ausgelegten Gegenstand zunächst eigenständig auffinden muss. Selbstverständlich können Sie je nach Vorlieben des Hundes die genannten Spielformen kombinieren, ausweiten oder vereinfachen.

Für derartige Spielkombinationen eignen sich besonders gut Bälle, Wurfscheiben, die Leine, wenn man sie gut zusammenknotet, sodass der Hund beim schnellen Apportieren nicht stolpert, und viele andere Dinge, die Sie vielleicht auf dem Spaziergang dabei haben, etwa ein Päckchen Taschentücher oder Ähnliches.

Die **Regeln**, sofern es welche geben soll, legen Sie natürlich selbst fest, sodass sich der Hund ganz auf Sie und das Spiel konzentrieren muss. Führen Sie beispielsweise die Regel ein, dass Ihr Hund, wenn Sie einen Apportgegenstand für Ihn werfen, erst starten darf, wenn er das Kommando „Apport" erhalten hat und nicht bereits, wenn der Gegenstand fliegt. Oder lassen Sie ihn mit dem Gegenstand im Fang über Hürden springen oder, oder, oder.

Im Grunde sind Spiele für den Hund in gewissem Sinne auch Aufgaben, allerdings sind es solche, die besonders ausgelassen und fröhlich angegangen werden. Andersherum sind aber auch viele andere Aufgaben für den Hund keine Pflichten nach unserem Wortverständnis, sondern Forderungen von uns, die er gerne ausführt – vor allem, um unsere Anerkennung und möglichst auch eine echte Belohnung zu bekommen.

Buddelspiele

Fast alle Hunde lieben es, im Sand oder in lockerem Boden zu graben. Einige verstecken auch Spielzeug und Knochen in einem selbst gegrabenen Loch. Wenn Sie einen Garten besitzen und möglicherweise mit Ihrem Hund kontroverse Ansichten über die Nutzung von Blumenrabatten, Gemüsebeeten oder der Wiese haben, können Sie einen guten Kompromiss finden, indem Sie ihm eine kleine Stelle im Garten zuweisen, wo nichts gepflanzt ist und er nach Herzenslust buddeln darf. Um den von Ihnen auserkorenen Buddelplatz zu Beginn für Ihren Hund

Manche Hunde können gar nicht genug kriegen vom Buddeln und Graben! Eine eigene Buddelecke im Garten macht es möglich.

Balancieren auf Baumstämmen ist eine spannende Geschicklichkeitsübung.

attraktiv zu machen, können Sie ein paar Leckerchen im Boden vergraben, nach denen er suchen darf. Auf die gleiche Weise können Sie ihn erfreuen, wenn Sie von Zeit zu Zeit die mitunter recht tiefen Löcher wieder zuschütten und wiederum „Beute“ dort verstecken.

Lauf- und Geschicklichkeitsspiele

Jeder Hund liebt es, mit seinem Meister zusammen zu laufen und „Schabernack“ zu treiben. Sollte Ihre Kondition für Trimmpfade oder das Joggen nicht ausreichen, bedeutet dies keinesfalls, dass diese Spiele für Sie nicht in Frage kommen, denn für den Hund zählt weniger Ihre Geschwindigkeit als vielmehr die Tatsache, dass Sie ganz auf ihn eingehen und er zusammen mit Ihnen Dinge erleben darf, die er sonst nicht erlebt. Denken Sie sich ein paar kniffelige Dinge aus, wie beispielsweise das Tragen von überdimensionalen Stöcken, das Überspringen von im Weg liegenden Baumstämmen im Wald oder das Unter-einer-Absperrung-Hindurchkriechen.

Für den Hund ist es aufregend und spannend, wenn Sie beide zusammen etwas unternehmen, einen umgestürzten Baumstamm erklimmen, über ein Mäuerchen springen oder ihn anweisen im lockeren Boden ein Loch zu buddeln, in dem Sie vorher ein Spielzeug für ihn vergraben haben. Ermuntern Sie ihn ausgelassen herumzuspringen und laufen Sie, wenn möglich, selbst ein paar Schritte mit. Das wird den Hund dazu verleiten, mit Ihnen herumzualbern und in vielen Fällen wird er Ihnen von selbst anzeigen, woran er Spaß hat.

Wasserspiele

Bis auf wenige Ausnahmen lieben es Hunde, an und im Wasser zu spielen. Alle Hunde können schwimmen, jedoch gibt es große Unterschiede in ihrem Geschick und auch in ihrer Begeisterung dafür. Gehört Ihr Hund zu denjenigen, die vielleicht aufgrund schlechter Erfahrungen das Wasser meiden, setzen Sie bitte keinen falschen Ehrgeiz ein, um ihn daran zu gewöhnen. Akzeptieren Sie vielmehr seine Abneigung und vergnügen Sie sich mit ihm bei anderen Spielen.

Mit allen wasserbegeisterten Hunden können Sie dagegen viel Spaß haben, indem Sie Apport- oder Nachlaufspiele einleiten. Probieren Sie doch auch einmal, ob Ihr Hund zu denjenigen gehört, die sogar tauchen, um an einen Apport-Gegenstand zu gelangen! Denken Sie aber bei all dem Spaß auch an die Sicherheit Ihres Hundes und vor allem daran, dass Schwimmen für Hunde um einiges anstrengender ist als Laufen. Überfordern Sie ihn nicht.

Futterbezogene Spiele

Wild lebende Hunde und auch Wölfe verbringen den Großteil ihres Tages mit der Nahrungsbeschaffung. Sie durchstöbern hierbei ein relativ großes Gelände, spüren Wild auf, um es zu jagen und zu töten. Nicht immer sind

Viele Hunde schwimmen und plantschen für ihr Leben gern – geben Sie ihnen ausreichend Gelegenheit dazu.

die Jagdsequenzen von Erfolg gekrönt und nicht jeden Tag schaffen sie es, sich ausreichend Nahrung zu besorgen. An anderen Tagen hingegen sind sie sehr erfolgreich und können dann einige Zeit von ihrer Beute zehren.

Unsere Haushunde hingegen haben meist geregelte Fressenszeiten oder sogar dauerhaft Zugang zu ihrem Futter. Das ist zwar für uns Menschen praktisch, der Hund hat jedoch keinen Vorteil von dieser Art der Domestikationsbequemlichkeit. Ganz im Gegenteil: Ein solch bequemes Leben kostet ihn Freude, denn schließlich können Sie den Hund nicht nach Belieben laufen lassen, um ihm seine Jagdabenteuer zu bieten. Übrig bleibt ein hohes Maß an Langeweile. Bieten Sie Ihrem Hund Abwechslung, indem Sie ihn seine Futterration erarbeiten lassen (vgl. S. 182).
Hierzu einige Beispiele:

- Streuen Sie eine Handvoll Trockenfutter unter ein altes Bettlaken oder eine alte Decke und lassen Sie den Hund das Futter suchen, ausbuddeln und fressen.
- Verstecken Sie jeweils einige Trockenfutterbrösel unter umgedrehten Büchsen oder Blumentöpfen.
- Streuen Sie einen Teil der Trockenfutterration im Garten weitflächig auf den Rasen.
- Richten Sie dem Hund im Garten eine kleine Ecke ein, wo Buddeln erlaubt ist, und verstecken Sie dort in der Erde ein bisschen Futter, einen Kauknochen, einen gefüllten Futterball oder Ähnliches.
- Stecken Sie ein schmackhaftes Leckerchen in eine leere Toilettenpapierrolle und biegen Sie dann die beiden Enden um. Lassen Sie Ihrem Hund den Spaß, die Pappe zu zerfetzen und dann als Krönung ein Leckerchen vorzufinden.
- Im Handel gibt es eine Vielzahl von Futterspielzeugen, mit denen sich der Hund selbst beschäftigen kann. Verabreichen Sie ihm zumindest Teile seiner Tagesration in diesem Arbeitsmaterial. Sie können bei der Auswahl des Futterspielzeugs Ihrem Hund entgegenkommen, denn es gibt sie in unterschiedlichem Material und Schwierigkeitsgrad. Ein fortgeschrittener Hund liebt die Herausforderung!
- Neben den Spielzeugen zur Selbstbeschäftigung gibt es auch jede Menge Material, bei dem der Hund wirklich nachdenken muss, um an das Futter zu gelangen. Manche dieser Spiele kann er ganz eigenständig nach dem Motto Versuch und Irrtum lösen, andere eignen sich mehr für eine interaktive Beschäftigung, bei der Sie den Hund lenken und ihn beispielsweise durch den Einsatz des Clickers (Click + Leckerchen für jeden richtigen Handlungsansatz) auf den Erfolgsweg bringen.
- Nutzen Sie Verpackungsmaterial aus Papier und Karton, das im Haushalt als Müll anfällt, um Ihrem Hund damit Futterpakete zu schnüren. Lassen Sie ihn ganz eigenständig arbeiten, um an den jeweiligen Inhalt zu gelangen.
- Auch mit Nassfutter sind Späße möglich, allerdings nicht auf jedem Untergrund. Im Garten sind allerdings kaum Grenzen gesetzt. Befüllen Sie ein Futterspielzeug aus

Gummi mit Nassfutter und lassen Sie den Hund den Inhalt wieder herauslecken. Auch hier gibt es im Handel jede Menge Spielzeugmodelle, die für diese Art der Beschäftigung geeignet sind.

- Wenn Ihr Hund schon Profi in diesen Spielen ist, können Sie die Schwierigkeit steigern und das mit Nassfutter bestückte Gummispielzeug zunächst einfrieren, bevor er es bekommt. Für die Bewältigung eines derartigen „Hundeeises" brauchen die meisten Hunde deutlich mehr Zeit, sodass dieses Spiel wirklich ein effektiver Langeweile-Killer ist.

Zubehör in Hülle und Fülle

Im Folgenden wird auf bestimmtes Material eingegangen, das in der Hundeausbildung sowie in Spielen sinnvoll eingesetzt werden kann. Dieser Überblick stellt jedoch bei der heutigen Fülle von Hundespielzeug und Hundezubehör nur einen sehr kleinen Teil des im Handel erhältlichen Angebots dar.

Spielzeug „von der Stange"

Wenn Ihr Hund schon Spielzeug besitzt, hat er bestimmt bereits eines zu seinem Lieblingsspielzeug auserkoren. Benutzen Sie dieses stets bei neuen Übungen, um seine besondere Aufmerksamkeit zu erregen.

Bieten Sie ihm im Spiel auch einmal ein ganz neues Spielzeug an, das eigentlich für ein anderes Spiel oder eine Übung gedacht ist, um damit sein Interesse an seiner Umwelt zu stärken.

Leine
Die Hundeleine eignet sich besonders gut für Apport-, Zieh- und Suchspiele

Mit einem Futterball ist der Hund eine lange Zeit beschäftigt.

und viele andere Übungen, wenn sie so zusammengeknotet wurde, dass der Hund nicht über sie stolpern kann. Vor allem in der Anlernphase ist die Leine bei Such- und Apportaufgaben ein leichtes Objekt, da der Hund die Leine gut kennt und sie anhand ihres Geruches noch leichter als beispielsweise einen Stock oder etwas anderes identifizieren kann. Voraussetzung für den Einsatz der Leine als Trainingsobjekt ist allerdings, dass der Hund dieses leider oft sehr teure „Spielzeug“ nicht zerbeißt.

Was die Leine zu einem bemerkenswert praktischen Trainingsobjekt werden lässt, ist die Tatsache, dass man sie auf Spaziergängen eigentlich immer bei sich trägt und dass der Hund zumeist einen besonders starken Bezug zu ihr hat.

Ein Ball mit einer Schnur daran ist ein tolles Spielzeug zum Werfen, Ziehen oder Verstecken.

Ball

Der Ball ist ein sehr beliebtes Spielzeug für den Hund und hat dementsprechend auch einen recht großen Verbreitungskreis, denn fast jeder Hund hat einen oder mehrere Bälle. Er ist ein universell einzusetzendes Spielzeug und auch Trainingsgegenstand bei verschiedenen Übungen, sofern der Hund Gefallen daran findet.

Wichtig beim Spielen mit dem Ball ist vor allem die **Größe** und **Festigkeit** des Balles. Der Ball sollte groß genug sein, dass der Hund ihn auch beim Schnappen aus der Luft nicht verschlucken kann. Unfälle dieser Art sind häufiger, als man annehmen möchte. Weniger groß ist diese Gefahr, wenn es sich um einen Ball an einer Kordel handelt, aber auch hier sollte die Ballgröße der Hundegröße angepasst und nicht zu klein sein. Achten Sie außerdem darauf, dass der Ball aus einem Material beschaffen ist, das der Hund nicht kaputt beißen kann, denn sonst besteht die Gefahr, dass er kleine Teile davon verschluckt. Ungeeignet sind daher Bälle aus Schaumgummi und auch Flummis.

Fußbälle haben den Nachteil, dass sie, sofern der Hund sie überhaupt apportieren kann, relativ schnell kaputtgehen und noch dazu sehr teuer sind. Spielt der Hund jedoch mit einem Fußball, indem er ihm nur nachläuft und ihn mit den Pfoten oder der Schnauze weiterstupst, spricht natürlich nichts gegen eine Anschaffung.

Bei Hunden sehr beliebt sind Bälle aus Moosgummi, die es in unterschiedlichen Größen gibt, und auch Tennisbälle, bei denen es jedoch je nach Überzug zu starkem Zahnabrieb kommen kann.

Ein weiteres wunderbares Spielzeug, das ebenso für Such- und Apportspiele wie für verschiedene Übungen gut geeignet ist, können Sie hervorzaubern, indem Sie einen Ball in einen ausgedienten Socken stecken und diesen oben zuknoten oder zunähen. So kann der Hund beim Spiel den Ball, nachdem er den Strumpf aufgenommen hat, nach allen Regeln der Kunst totschütteln, was für manche Hunde eine besondere Freude ist. Der **Ball im Strumpf** ist im Gegensatz zum normalen Ball auch gut für Ziehspiele geeignet, da Sie hier als Ziehpartner problemlos an einem Ende festhalten können. Auch aus praktischen Erwägungen ist ein Strumpfball eine tolle Sache, denn beim Spiel zu Hause rollt solch ein Ball weniger leicht unter Möbelstücke oder springt draußen beim Aufprallen auf dem Boden nicht versehentlich über den Zaun zum Nachbarn.

Ob der Hund nun mehr Freude an diesem oder jenem Spielzeug hat, ergibt sich aus individuellen Erfahrungen, die jeder mit seinem Hund selbst machen muss.

Wasserbegeisterten Hunden bereiten Bälle beim Spiel im Wasser und am Strand viel Spaß. Achten Sie in diesem Fall auf die Schwimmfähigkeit, um das Spielzeug nicht zu verlieren.

Der Ball, der Haken schlägt

Normale Bälle sind für den Hund leicht zu fangen, denn sie springen auf ebenem Boden stets so ab, wie sie aufgekommen sind. Nicht so die Bälle, die aus mehreren Gummiringen gearbeitet sind, die Form eines American Footballs haben oder anderen geometrischen Figuren nachgearbeitet sind, denn sie springen in eine beliebige, nicht vorhersehbare Richtung ab, je nachdem wie sie gerade aufkommen. Für jagdbegeisterte Hunde ist dies ein wahres Vergnügen, denn hier ist vor allem Schnelligkeit und Geschicklichkeit gefragt, wenn es darum geht, den Ball zu fangen, während dieser wie ein Hase plötzlich Haken schlägt. Ansonsten ist dieser etwas besondere Ball natürlich einzusetzen wie ein ganz normaler Ball, nämlich für alle Such-, Apport- und Ziehspiele oder als Trainingsgegenstand bei Übungen.

Das Ziehtau ist optimal geeignet für Ziehspiele und zum Apportieren.

Ziehtau

Das Ziehtau als Hundespielzeug gibt es in verschiedenen Größen und mit oder ohne Handschlaufe zum Festhalten. Hervorragend geeignet ist es für das Ziehspiel, da der Hund wegen der überhängenden Seiten beim Totschütteln der Beute viel Spaß haben wird. Das Tau in den kleineren Größen kann man noch einigermaßen gut werfen, mit den größeren wird man sicherlich Schwierigkeiten bekommen. Neben den Ziehspielen sind aber auch Apport- und Suchspiele möglich. Des

Weiteren ist das Tau auch bei verschiedenen Übungen als Trainingsgegenstand gut einzusetzen.

Frisbee

Für Hunde gibt es spezielle Frisbees, mit denen sich der Hund beim Fangen der Scheibe aus der Luft nicht die Lefzen verletzt oder gar die Zähne beschädigt werden. Dieses Spielzeug eignet sich gleichermaßen für den Frisbee-Hundesport wie für das einfache Spiel mit einem apportfreudigen Hund. Selbstverständlich können Sie auch Such- und Ziehspiele mit dem Frisbee spielen.

Quietschtiere

Diese kleinen Püppchen aus Latex oder einem Stoffüberzug üben besonders auf junge Hunde, die dies zum ersten Mal sehen und hören, eine große Faszination aus. Es passiert nicht selten, dass so lange gequietscht wird, bis der Quietscher über kurz oder lang nicht mehr funktioniert. Beim Einsatz dieser Spielzeuge ist auf die Erregungslage der Hunde zu achten. Wenn Ihr Hund zu den Kandidaten zählt, die sich beim Spielen mit dem Quietschspielzeug in Erregungslage hineinsteigern, ist dieses Spielmaterial nicht ideal. Achten Sie ansonsten strikt darauf, dass keine Teile des Spielzeugs abgebissen und dann verschluckt werden können. Spielt Ihr Hund ruhig und gesittet mit diesen Objekten, ist gegen den Einsatz nichts einzuwenden. Viele Hunde spielen sogar ganz alleine längere Zeit in der Wohnung mit den Quietschpüppchen, sodass es gegebenenfalls sogar ein Spielzeug zur Selbstbeschäftigung für den Hund sein kann. Da sich die Latex-Figuren nur schlecht werfen lassen, weil sie sehr leicht sind, gehört das Quietschtier meist zu den Spielzeugen, die nicht mit nach draußen genommen, sondern dem Hund nur in der Wohnung zur Verfügung gestellt werden. In der Wohnung können Sie sie aber selbstverständlich hervorragend für Such- und Apportspiele einsetzen.

Stofftiere sind bei Hunden sehr beliebt, aber achten Sie auf das „Innenleben", wenn der Hund es zerreißt.

Vollgummifiguren

Vollgummifiguren gibt es in allen möglichen Formen. Je nach Modell lassen sie sich einigermaßen gut werfen, besonders wenn sie eine Kordel haben. In diesem Fall können Sie sie auch gut als Gegenstand im Ziehspiel einsetzen. Auch als Suchobjekte oder Trainingsgegenstände sind sie je nach Größe geeignet. Da das Gummi unempfindlich gegenüber Wasser ist, können Sie diese

Manche Hunde geraten mit Quietschtieren in zu hohe Erregungslage.

Spielzeuge auch wunderbar mit an den See oder ans Meer nehmen. Je nach Form und Größe gehen einige unter, sodass der Hund erst tauchen muss, um sie apportieren zu können – was allerdings nicht jeder Hund macht. Wenn sie nicht untergehen, wird ein wasserbegeisterter Hund sie mit viel Freude von der Oberfläche fischen.

Holzhanteln und Dummys

Es gibt für Hunde Hanteln aus Holz in verschiedenen Größen und Gewichten; sogar solche mit der Möglichkeit, noch mehr Holzscheiben aufzuschrauben. Diese und spezielle Schwimmhanteln aus Plastik oder Dummys aus der Jagdhundeausbildung, die es aus verschiedenen Materialien gibt, eignen sich allesamt für Spiele und Übungen aus dem Bereich des Apports und des Suchens. Bedingt sind sie auch als Objekt beim Ziehspiel, vor allem, wenn der Hund das Apportieren nur zum Spaß und nicht aus Ausbildungsgründen für eine Prüfung gelernt hat, einzusetzen. Sie lassen sich jedoch nicht so gut festhalten wie viele andere Spielzeuge.

Eine spezielle Variante ist ein sogenannter Futterdummy. Diese Täschchen können mit Futter bestückt werden, sodass in den Apport- und Suchaufgaben ein besonderer Reiz gesetzt werden kann.

Selbstgebasteltes Spielzeug

Alle bisher beschriebenen Spielzeuge können Sie kaufen. Mit einigen Handgriffen lassen sich allerdings auch aus ausrangierten Sachen schnell und einfach wunderbare Hundespielzeuge selbst herstellen. Sie sind neben ihrer Einmaligkeit zudem noch ausgesprochen kostengünstig.

Strumpf

Zunächst der Strumpf, den Sie, wie schon erwähnt, mit einem Ball gefüllt zum herrlichen Spielzeug machen können. Sie können ihn aber auch benutzen, um die Neugierde des Hundes zu wecken, indem Sie beispielsweise von Anfang an einen sauberen Apport aufbauen oder Ähnliches. Hierfür eignet sich der Strumpf besonders gut, wenn Sie ihn mit Leckerchen füllen und so verschließen, dass der Hund nicht an die Leckerchen gelangen kann, Sie ihn aber ohne Probleme öffnen können. Dieses Modell entspricht einem einfach herzustellenden Futterdummy.

Der mit Leckerchen gefüllte Strumpf, also Ihr selbst gebastelter Futterdummy, hat beim Trainieren der Apport-Übung den Vorteil, dass der Hund lernt, Gegenstände zu tragen, die zwar verführerisch riechen, die er selbst jedoch nicht zerpflücken darf. Dieses Spielzeug sollte dem Hund natürlich nicht zur ständigen Verfügung stehen. Zwischen den Übungen muss es sorgfältig von Ihnen verwahrt werden, um speziell zum Trainingsdurchlauf hervorgezaubert zu werden.

Beherrscht der Hund einen sauberen Apport, kann der Leckerchen-Strumpf auch für Suchübungen und -spiele eingesetzt werden. Mit dem Leckerchen-Strumpf – zu dem jeder Hund immer eine besondere Beziehung haben wird, wenn viel Theater um ihn gemacht worden ist – können Sie natürlich jede neue Übung einführen, die eines Trainingsgegenstandes bedarf, um die Aufmerksamkeit des Hundes zu steigern.

Textilien

Auch andere ausrangierte Textilien sind wunderbare Spielzeuge für Ihren Hund. Wenn Sie das entsprechende Stück beispielsweise an einer Seite fest verknoten, sodass der Hund etwas hat, auf das er richtig beißen kann, wird er ein derartiges Spielzeug gerne annehmen und es zum Totschütteln oder im Ziehspiel benutzen. Wenn Sie Kinder haben, die sich von einem alten Plüschtier trennen können, gibt auch das ein wunderbares Hundespielzeug ab. Allerdings ist dabei wichtig zu wissen, mit welchem Füllmaterial es ausgestopft ist, damit der Hund keine gesundheitlichen Schäden davonträgt, falls er es in seine Einzelteile zerlegt. Auch aufgeklebte Nasen oder eingenähte Augen aus Plastik sollten unbedingt vorher entfernt werden.

Ein ebenfalls besonders für das Ziehspiel geeignetes Spielzeug sind alte Jutesäcke, an denen der Hund nach Belieben ziehen und zerren kann, ohne dass sie sofort kaputtgehen. Auch ein ausgedienter Schuh als klassisches Hundespielzeug ist selbstverständlich nicht außer Acht zu lassen. Besonders junge Hunde kann man oft mit Schuhen für ein Spiel begeistern, da Schuhe fest sind und der Hund somit herrlich hineinbeißen kann. Außerdem haben sie zum Schütteln eine geeignete Größe. Einige Hunde lieben an Schuhen besonders die Schuhbänder, um den Schuh dann beim Schütteln richtig umherzuschleudern. Aber auch Sandalen finden Gefallen.

Ein Karton lässt sich prima zerreißen.

All diese Dinge können Sie natürlich in Haus und Garten verstecken und den Hund danach suchen lassen.

Kartons

Ein ebenso billiges wie praktisches Spielzeug sind große Pappkartons, sofern sich der Hund hierfür begeistern kann. Meine Hündin Luna ist ganz wild darauf und hat beim Zerreißen und Schütteln einen riesigen Spaß. Wenn es ein festerer Karton ist, können Sie vorab auch ein Ziehspiel mit dem Hund spielen.

Stöcke

Ebenfalls ein klassisches und auf den meisten Spaziergängen herumliegendes Spielzeug ist selbstverständlich der Stock, der für Apport-, Such- und Ziehspiele gleichermaßen geeignet ist. Großen Spaß bereitet es vielen Hunden ebenfalls, Stöcke nach dem Spiel genüsslich zu zerbeißen, oder aber sie animieren einen Hundekumpanen zum Nachlaufspiel, um dann mit dem Stock in der Schnauze von diesem gejagt zu werden.

Leider bergen Stöcke ein recht großes Gefahrenpotenzial, denn im wilden Spiel können sie leicht Verletzungen im Maulbereich verursachen. Wägen Sie also gut ab, ob der jeweilige Stock geeignet ist oder nicht und achten Sie darauf, dass Ihr Hund den Stock nicht aus dem Laufen fängt oder aufnimmt. Schicken Sie ihn nur über das Kommando „Apport!“, um den liegenden Stock zu suchen und zu bringen, denn Unfälle in diesem Bereich sind leider außerordentlich häufig.

Steine

Bei vielen Hunden sind auch Steine als Spielzeug sehr beliebt. Obwohl man sie auf fast jedem Spaziergang finden kann und somit stets ein Spielzeug parat hätte, sind sie jedoch absolut ungeeignet, denn sie fügen zum einen den Zähnen erheblichen Schaden zu, zum anderen ist die ständige Gefahr gegeben, dass die Hunde sie verschlucken. Sie bedrohen dann oft durch einen Darmverschluss das Leben des Hundes, wenn nicht rechzeitig operiert wird. Am besten verbieten Sie dem Hund das Spielen mit Steinen von vornherein durch den Befehl „Pfui“.

Als Trainingsgegenstände bei Übungen sind aber nicht nur die hier beschriebenen Spielzeuge einzusetzen, sondern alles, was der Hund entweder suchen, verweisen oder apportieren kann, wobei Sie strengstens darauf achten müssen, dass er den Gegenstand nicht verschlucken und sich an diesem nicht verletzen kann, wenn er ihn aufnimmt. Der Fantasie sind hierbei keinerlei Grenzen gesetzt.

So können Sie für Ihren Hund ohne Weiteres Taschentücher, Taschen, Schlüsselbunde, Geldbörsen, Regenschirme und vieles andere als Trainingsgegenstände verwenden, je nachdem, um was für eine Übung es sich handelt oder was Sie gerade bei sich tragen.

Futter

Auch wenn es sich nicht im eigentlichen Sinn um einen Trainingsgegenstand handelt, möchte ich hier noch kurz einige Anregungen bieten, Futter im Training und Spiel zielgerichtet einzusetzen:

Lassen Sie den Hund sein Futter erarbeiten, denn das entspricht seiner Veranlagung in besonderer Weise. Nutzen Sie hierzu seine Mahlzeit, schließlich muss ein Hund keine festen Mahlzeiten aus dem Napf bekommen, um gesund und zufrieden zu sein.

Wenn Sie bei bestimmten Übungen zusätzlich Leckerchen einsetzen, achten Sie darauf, dass die Stückchen klein, weich und besonders schmackhaft sind.

Futterbälle

Es handelt sich hierbei um Bälle, die innen hohl sind und eine oder mehrere Öffnungen haben, sodass man sie mit Futter befüllen kann. Futterbälle gibt es aus verschiedenen Materialien. Der Hund muss, indem er den Ball mit den Pfoten oder der Nase bewegt, versuchen an das Futter heranzukommen.

Wenn der Hund den Futterball noch nicht kennt, sollten Sie möglichst kleine Futterbröckchen hineinfüllen, denn diese fallen schnell wieder heraus, sodass das Spiel für den Hund sehr erfolgreich verläuft. Bei einem Hund, der schon Erfahrung mit diesem Spielzeug hat, können Sie den Ball mit größeren Leckerchen füllen oder auf Modelle an Futterspielzeugen zurückgreifen, bei denen es dem Hund aufgrund der Form des Spielzeugs nicht so leicht gemacht wird, an das Futter heranzukommen. Futterbälle aus einem Gummi-Netz sind dafür geeignet, sie mit großen Futterbrocken zu bestücken, sodass der Hund ein wenig Mühe hat, an die Leckerchen zu gelangen.

Auch mit Nassfutter können Futterspielzeuge bestückt werden. Diese beliebte, aber auch recht matschige Angelegenheit ist nur etwas für den Garten.

Trainingshilfsmittel

Hilfsmittel zur Führung und Kontrolle

Die **Leine** ist ein sinnvolles Hilfsmittel in der Hundeerziehung, und zwar in mehrfacher Hinsicht. Vor allem kann man durch sie Gefahrensituationen abwenden, wenn der Hund noch nicht so perfekt gehorcht, denn die Leine stellt eine direkte Verbindung zwischen Hund und Mensch dar. Das gilt vor allem in der heutigen Verkehrssituation, die eine ständige Gefahr für Ihren Hund ist. Außerdem werden Sie in der Stadt mit einem angeleinten Hund weniger Ärger mit Mitmenschen bekommen als mit einem frei laufenden.

Die Leine als sichtbares und spürbares Band zwischen Ihnen und Ihrem Hund hat auch für den Hund so etwas wie eine magische Bedeutung und wird wohl in den allermeisten Fällen von ihm geliebt, weil er weiß, dass er mitgehen darf, wenn nach der Leine gegriffen wird. Als Spielzeug und Trainingsobjekt (s. S. 99) kann die Leine natürlich noch andere Bedeutungen haben.

In erster Linie ist die Leine ein erzieherisches Hilfsmittel, das man mannigfaltig einsetzen kann, besonders wenn noch keine tiefe Bindung im Mensch-Hund-Team besteht oder aber wenn es sich um einen sehr schreckhaften Hund handelt, zumal diese Hunde dadurch am Weglaufen gehindert werden. Die Leine sollte allerdings niemals als Strafe eingesetzt werden! Sie ist eine Sicherungsmaßnahme, mit der keinerlei Manipulationen wie etwa Zerren und Rucken oder Ähnliches ausgeführt werden!

Breite und gepolsterte Bänder sind für den Tragekomfort ideal.

Zur Führung von großen und kräftigen oder einfach sehr ungestümen Hunden eignet sich der Einsatz eines **Kopfhalfters**. Leider sind die Kopfhalfter in Deutschland immer noch nicht so populär. Besonders Passanten verwechseln sie daher oft mit einem Maulkorb. Vor dem Einsatz eines Hundehalfters ist es notwendig, den Hund erst einmal an das ungewohnte Tragen zu gewöhnen, denn ähnlich wie sich auch viele Welpen gegen das Halsband sträuben, möchten die meisten Hunde das Halfter zunächst abstreifen. Nach der Gewöhnung kann man den Hund mit dem Hundehalfter aber hervorragend kontrollieren, und zwar fachgerecht, ohne sie zu manipulieren, denn auch hier wird nicht an der Leine gerissen oder geruckt.

Mit einem Kopfhalfter fällt es leichter, auch einen leicht ablenkbaren Hund auf das Wesentliche zu konzentrieren, und es bedarf auch bei großen Hunden keiner Kraftanstrengung mehr, sie zu halten. Für den Hund ist das korrekt angewandte Halfter eine völlig schmerzfreie Alternative zu den antiquierten und tierschutzrelevanten Hilfsmitteln wie Endloswürger, Stachelhalsbänder und sogenannten Erziehungs-Geschirren.

Achtung
Bedenken Sie bei der Auswahl und beim Einsatz des Trainingsmaterials, dass es dem Hund angenehm sein sollte. Breite und gut gepolsterte Bänder am Halsband oder Geschirr sind daher sehr zu empfehlen.

Service

Buchtipps

CALMBACHER, E., Agility. 2008, Ulmer, Stuttgart.
DEL AMO, C., Probleme mit dem Hund. 3. Auflage 2007, Ulmer, Stuttgart.
DEL AMO, C., Dogdance. 2009, Ulmer, Stuttgart.
DEL AMO, C., Spaßschule für Hunde. 2. Auflage 2010, Ulmer, Stuttgart.
DEL AMO, C., Welpenschule. 3. Auflage 2010, Ulmer, Stuttgart.
HESEL, L., Apportierspiele. 2009, Ulmer, Stuttgart.
LEHARI, G., 400 Hunderassen von A–Z. 2009, Ulmer, Stuttgart.
NICK, O., Das 4-Wochen Erziehungsprogramm für Hunde. 2010, Ulmer, Stuttgart.
ROUSSELET-BLANC, P., Alles über Hunde. 2009, Ulmer, Stuttgart.
SCHMIDT-RÖGER, H., Das Große Ulmer Hundebuch. 2008, Ulmer, Stuttgart.
SUNDANCE, K., 101 Hundetricks. 2009, Ulmer, Stuttgart.
SUNDANCE, K., 51 Tricks für junge Hunde. 2010, Ulmer, Stuttgart.
TAYLOR, D., Mein Hund ist ein Genie! 2008, Ulmer, Stuttgart.
WHITEHEAD, S., Hunde in der Stadt. 2009, Ulmer, Stuttgart.

Hilfreiche Adressen

BHV
Berufsverband für Hundetrainer und Verhaltensberater e. V.
www.bhv-net.de

BRH
Bundesverband Rettungshunde e. V.
www.brh.info

DHV
Deutscher Hundesportverband e. V.
www.dhv-hundesport.de

GTVT
Gesellschaft für Tierverhaltensmedizin und -therapie e. V.
www.gtvmt.de

JGHV
Jagdgebrauchshundeverband e. V.
www.jghv.de

VDH
Verband für das Deutsche Hundewesen e. V.
www.vdh.de

DVG
Deutscher Verband der Gebrauchshundsportvereine
www.dvg-hundesport.de

OEKV
Österreichischer Kynologenverband
www.oekv.at

SKG
Schweizerische Kynologische Gesellschaft
www.hundeweb.org

Certodog
Stiftung für das Wohl des Hundes
www.certodog.ch

Register

Bildquellen

Bildagentur Waldhäusl/Imagebroker/Krause-Wieczorek: S. 17.

Helmuth Flubacher: Knochen, 47, 52, 101, 119, 130, 135.

Dieter Kothe: S. 3, 31, 34, 49(3), 61, 64, 72, 73(2), 78, 93, 94(2), 96, 100, 102, 103, 106, 109, 112(3), 114, 117, 122, 126(u.), 131, 134, 136(3), 137, 139, 146, 155, 170, 171, 173(2).

Heike Schmidt-Röger: S. 1, 5, 7, 9, 13, 19, 23, 25, 36, 37, 40, 44, 45, 51, 53, 55, 57(3), 59, 62, 66, 67, 82, 85, 87, 88, 91, 115, 120, 124, 127, 133, 141, 145, 147, 149, 154, 157, 158, 159, 162, 165, 166, 169, 176, 178, 179, 181, 183.

Christine Steimer: S. 126(o.), 172, 175.

Trixie: S. 10, 20, 24, 43, 56, 70, 77, 143, 151, 161, 177, 187.

Bibliografische Information der Deutschen Bibliothek

Die Deutsche Nationalbibliothek verzeichnet diese Publikation in der Deutschen Nationalbibliografie; detaillierte bibliografische Daten sind im Internet über http://dnb.d-nb.de abrufbar.

Die in diesem Buch enthaltenen Empfehlungen und Angaben sind vom Autor mit größter Sorgfalt zusammengestellt und geprüft worden. Eine Garantie für die Richtigkeit der Angaben kann aber nicht gegeben werden. Autor und Verlag übernehmen keinerlei Haftung für Schäden und Unfälle.

Wollgrasweg 41, 70599 Stuttgart (Hohenheim)
E-Mail: info@ulmer.de
Internet: www.ulmer.de

Lektorat: Kristina Maier, Antje Springorum
Umschlagentwurf: red.sign, Anette Vogt, Stuttgart
Titelfoto: Heike Schmidt-Röger
Satz: juhu media, Susanne Dölz, Bad Vilbel
Druck und Bindung: Firmengruppe APPL, aprinta Druck, Wemding
Printed in Germany

ISBN 978-3-8001-6747-0